100设得兰蕾丝花样图典

THE MAGIC OF SHETLAND LACE KNITTING

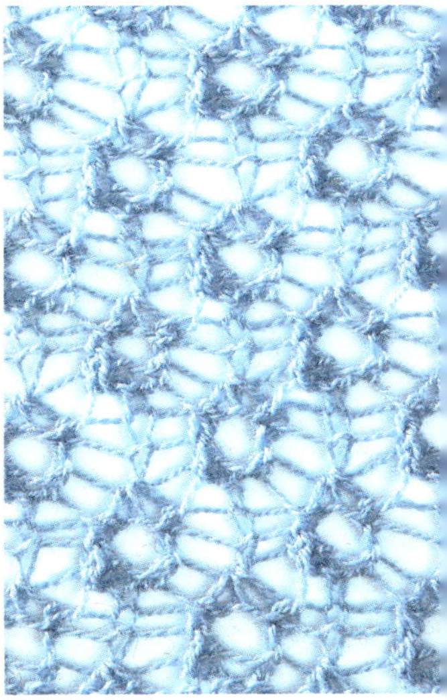

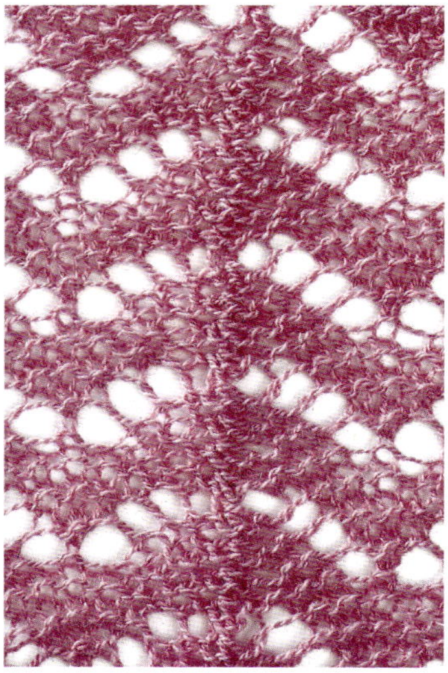

100设得兰蕾丝花样图典

〔英〕伊丽莎白·洛维克 著
王高攀　译

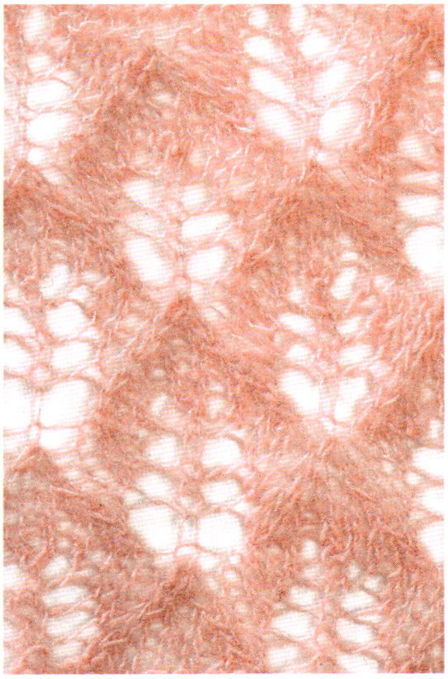

河南科学技术出版社
·郑州·

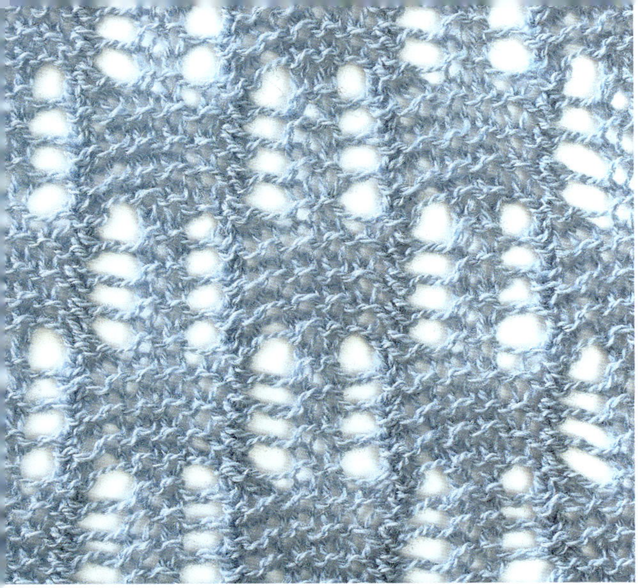

目录

关于本书 6
我为什么如此挚爱设得兰蕾丝 8

基本技法 12
工具和器材 14
毛线 16
编织基础 18
怎样看图谱 23
收边与缝合 24
挑针 26
处理错针 28
蕾丝整形 30
设计设得兰蕾丝 32
组合图形 38

针法图典 46
针法选择索引 48
针法图典 52

作品 120
蛛丝披肩 124
帽子和围巾套装 126
小披肩 129
婴儿套装 132
蕾丝露指手套 136
十针袜 138
月牙形披肩 140

附录
针法符号 142

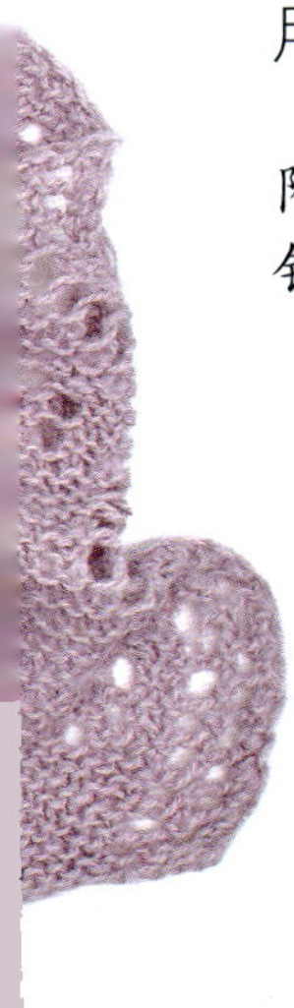

关于本书

本书从最基础的入门知识讲起，引导初学者逐渐学会复杂的蕾丝编织。书中介绍了编织设得兰传统图形、花边和饰带等应该具备的基本知识和技法，设得兰传统图案非常丰富，包括“猫爪”“烛光”“马蹄”等等。针法图典按针数和行数排列，包括有针法选择索引，列有每种针法缩小的照片，使得挑选合适的针法轻松而有趣。还包括一些建议，以把不同的针法织成漂亮、传统的设得兰蕾丝配饰，如围巾、帽子、披肩等。

基本技法

本章介绍了编织设得兰蕾丝需要掌握的所有基本技法。从起针、挂针到错针处理，包括所有的内容。详细讲解了相关技法，使你有信心马上动手。设计蕾丝部分告诉你如何利用书中的针法设计自己的蕾丝作品。

提示包括经验介绍和专家指导

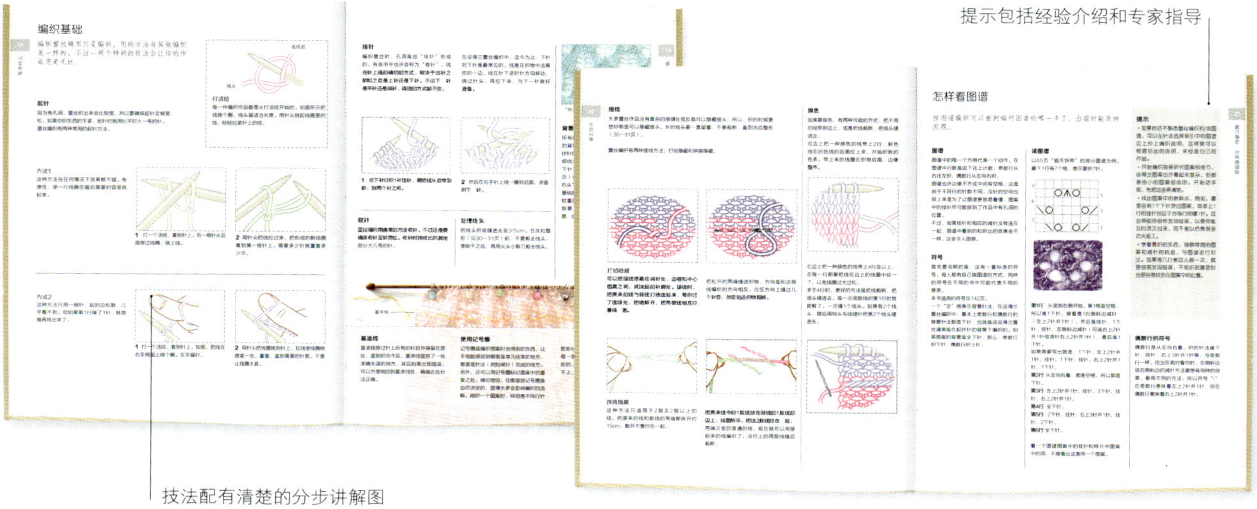

技法配有清楚的分步讲解图

针法选择索引

针法选择索引中把所有针法照片都缩小后排列成行，以便能快速翻阅，寻找灵感，尽快确定心仪的针法。它由四部分构成：饰带、图形、满花、花边，所以如果你需要特定用途的针法，可以在相应的部分寻找。

缩小的针法照片

针数和行数

分类排列：饰带、图形、满花、花边

页码索引

针法图典

针法图典按针数和行数排列。第1个数字是图案重复一次的针数，第2个数字是图案重复一次的行数。满花图案中的“+1”或其他数字是为了使图案居中需要添加的针数。

专心度是比技术等级更确切的说法。因为尽管没有任何一种图案比其他图案更难，但一些图案确实需要更专心。专心度分为1至3级，1最省心，3最费心。

专心度是1的针法基本上都给出了编织步骤的文字说明，专心度是2的部分给出，专心度是3的则没有给出。这是由于随着针数和复杂程度的增加，编织步骤的文字说明读起来越来越困难了，这样图谱中的图就变得更重要了。

每种针法都配有图谱，重复的部分用红框醒目地标出。为了连贯地展示图案，不是单单展示一次重复，也展示了其他的部分，比较大的图谱可能显示得不太完整。

这部分还包括一些混搭的样品，只展示了部分针法搭配的方式。所涉及的针法书中都有介绍，所以提供有页码索引。

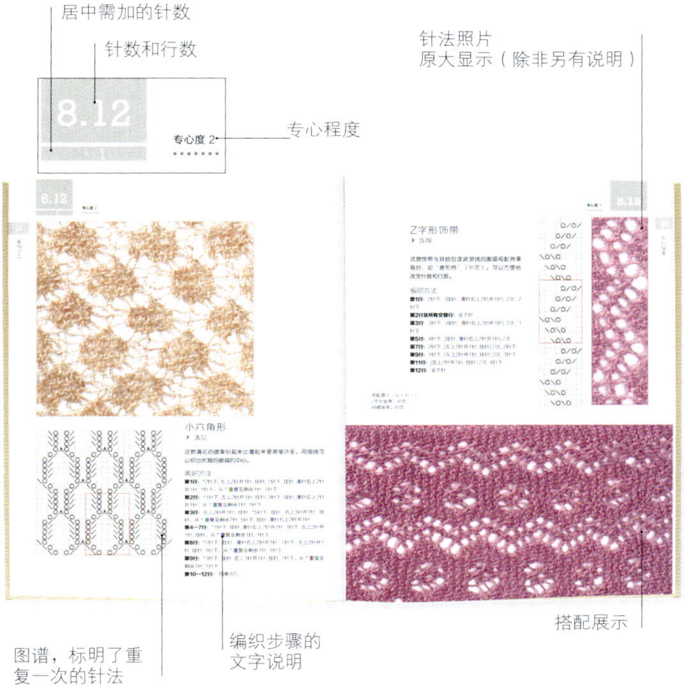

图典中的所有针法都是用4.5mm（美式7号）棒针，蕾丝线或2股线织成的

作品

本书中的针法可以组合成各种样式。本章精选了一些漂亮的设计，以激发你的灵感，用这些针法设计出自己的作品。

每件作品都给出了针法替换的建议，使你能创作出独一无二的设计作品，同时也显示了针法应用的多样性。

通透
这款编织作品像蜘蛛网一样轻薄，制作精美。

这是一架小飞机，只有33个座位。飞机外云层很厚。我们正在降落，飞机被风吹得剧烈颠簸。忽然，云层裂开了，一段陡峭的山坡似乎就挨着飞机的翅膀尖，飞机急剧地转弯、下坠；跑道出现了，延伸入海，翻滚的波涛拍打着跑道。我们安全着陆了。

我为什么如此挚爱设得兰蕾丝

舱门一打开，我们下了飞机，马上被大风裹挟，好在航站楼就在几步开外。欢迎来到设得兰群岛。

看不到树木，地面坚硬，也可以说贫瘠和荒芜。许多世纪以来，这里生活着充满智慧的居民，个小却强壮的矮种马，以及有着出色羊毛的绵羊，他们适应了严酷的环境，在这片土地上生存了下来。

优良的羊毛

没人说得准绵羊是什么时间、怎样来到了设得兰群岛。据十七、十八世纪的旅行者描述，这里的绵羊个头小小的，羊毛有多种颜色，质量上乘，非常值钱，绵羊被关在农场里，很难看得到，所以一般不可能被偷走。多年来，为了增加这些质量上乘的羊毛的产量，引进了西班牙的美利奴公羊，其数量到今天在羊群中大体上保持着相同的比例（大约百分之十）。有了好的羊毛才能精纺，有了好的毛线才能织出漂亮的蕾丝。没人说得准设得兰人是什么时间开始编织蕾丝的。令人遗憾的是，羊毛非常不容易长久保存，所以早期设得兰群岛或北欧其他地区的编织作品基本上都见不到了。现在已知的最早的编织物是十九世纪早期的。

最好的线
在设得兰的传统中，最好的羊毛线一般用来做最好的披肩。

传家宝织物
设得兰蕾丝，比如这件洗礼袍，是被几代人珍藏的礼物。

充满智慧的女人

如果你想深入了解设得兰，就需要了解一些蕾丝以及蕾丝创造者的历史。几个世纪以前，人们没有我们现在的技术、工艺，却有同样的聪明才智。设想一下，如果你是几个世纪前生活在设得兰群岛的女人，你想要尽可能多的钱来买自己造不出来的东西，如锅，或者其他如刀等金属制品，你能怎么办呢？

你有绵羊。你能纺线、编织。想买编织品的商人乘船而来。编织品越好，赚钱就越多；彩色的编织品看起来比单色的更难织，所以更值钱；蕾丝被认为更胜一筹，越精细的蕾丝越值钱。

如果你住在设得兰群岛重要的城镇勒维克附近，就可以把自己的作品卖给当地的商店。但是如果你住在其他岛上（切记没有轮渡），就得多动动脑子了。怎样能用较少的用料赚到较多的钱？答案是把披肩织得更精细、更复杂，这样就能值更多的钱。在设得兰群岛梅恩兰岛北边的安斯特岛上，人们就是这么做的。

蕾丝制作
摆拍的照片展示出制作蕾丝的场景。左边的女人正在把羊毛梳理成纱缕，中间的女人正在把纱缕纺成线，右边的女人正在把线织成蕾丝围巾。

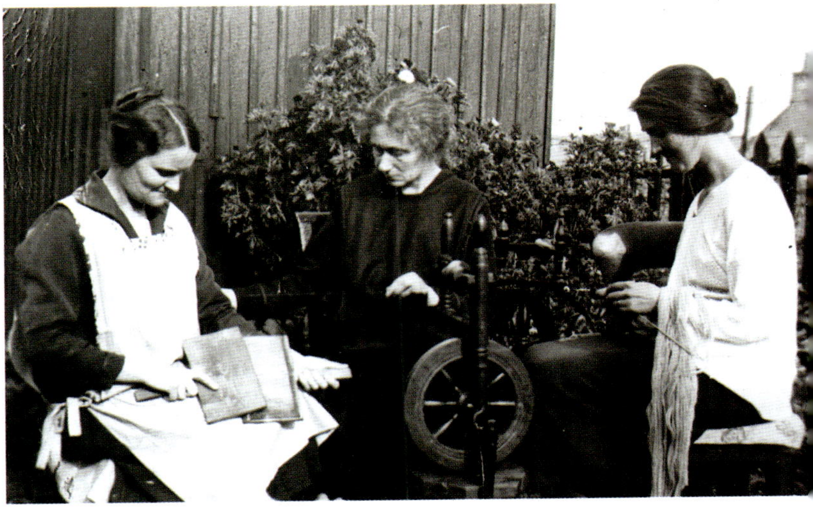

婚戒披肩

安斯特以婚戒披肩而闻名，用细线织的2米见方的披肩非常薄，能穿过结婚戒指，所以称为婚戒披肩。只有不多的人能纺出这么细的线，也只有不多的人能织出这么精美的作品。

任何绵羊最软最细的毛都在颈部。这些毛就用来织最好的披肩。原来的设得兰绵羊的毛是自然脱落的，可以用手拔下来，而不是用剪刀剪。颈部的毛和其他部分的毛是分开的。

四季皆宜的工作

纺细羊毛的人，和织披肩的人一样，基本上都是老奶奶，残疾人，或者未婚的较年长的女人。年轻的妇女要在田间或厨房忙活，年老的女人要照顾孩子、纺线、编织以维持生计。当时这种超细的线是双股的，而不是现在的单股，纺线时每次用四五根毛。捻的圈数要适当，太多显得粗糙，太少容易散开。

纺线时羊毛不脱脂，编织时毛线通常也不脱脂，不过，过去和现在，这都取决于编织者的个人喜好。披肩只能在一天中光线最好的时段编织，那时家里的人大多都下地干活去了，屋里安静下来，这也是专心编织复杂图案所需要的。一般来说，冬天纺线，夏天编织，那时一天中天亮的时间有20个小时或更长。从羊毛到成品，一条披肩大约需要一个人忙活一年的时间。

蛛网效果

整形框上的精美披肩。透过披肩可以清楚地看到后面的女人，显示了披肩的轻薄、通透。

推广设得兰蕾丝

六个年轻漂亮的女孩——三个纺线的，三个编织的——被带到了1851年的伦敦大展（在一系列大型的玻璃展厅里，展示英国最好的作品，以及最新的发明）来展示、出售设得兰蕾丝。她们还参加了同年规模较小的爱丁堡展会。这样一来，精美的设得兰披肩在十九世纪被推广开来。

今日的设得兰蕾丝

如今，无论何处的编织者都能分享设得兰蕾丝的乐趣。可以用的细线有羊毛、丝、羊绒及其他材质或混纺的。我们现在有时间为了快乐而编织了。我们不是只能用细线把这些图案织在披肩上，用粗线把设得兰图案织在床罩、盖毯、靠垫上，看起来都很漂亮。本书中的图案基本都能这么用。

编织一件婚戒披肩，仍然是需要耐心和技术的壮举。不过，有了家里明亮的光线，加上一年到头都不会冻得伸不出手，我们还是能享受创作的过程的。

无论你是从未摸过棒针、从未织过蕾丝的新手，还是一直在织蕾丝的熟手，都会为设得兰蕾丝图案的美丽而陶醉，并惊讶于其编织竟然如此简单。织好的作品洗完经过整形，眼看着从貌不惊人变为轻薄得如蜘蛛网一般，其变化过程总是给我带来无尽的惊喜，相信你也会有同样的感觉。这正是设得兰蕾丝的神奇之处！

天然奇观

设得兰群岛由一百多个岛屿组成，它高高低低的自然美景、经常变化的色彩和纹理，给各种艺术家带来了不同的灵感。

基本技法

本章介绍了编织设得兰蕾丝需要掌握的所有基本技法。从起针、挂针到错针处理，包括所有的内容。详细讲解了相关技法，使你有信心马上动手。设计蕾丝部分告诉你如何利用书中的针法设计自己的蕾丝作品。

工具和器材

开始编织蕾丝时不需要什么特别的东西，用原来已有的针就行。不过如果打算大量编织蕾丝，就值得添置一些专业器材了。

钩编线

基本器材

编织用针

编织蕾丝最好的针是头部尖尖的，这样便于减针时挑起针脚。针的轻重也很重要，较轻的针适合织较细的线。

如果编织的东西针数太多，环形针就派上用场了。针的品牌不重要，关键是两头的直针与中间的连线之间的接口一定要平滑，否则，线细时容易被挂住。

记号圈

每个编织的人都需要许多不同的、各种型号的记号圈。要确保记号圈足够大，能轻松地从一个针尖滑到另一个针尖。但也不要太大，以免太重。

有三种类型的记号圈，没有一种是完美无缺的，各有各的用处。最普通的是一个带有一个小裂口的环。这种类型容易挂住线，但如果意外地把环与线织在一起时，可以很容易地移出来。金属圈闭合的那些记号圈不会挂线，但一旦被错误地织进去，就不能轻松地移走了，只能剪断。第三种类型是由“老虎尾巴”制成，即外面包有塑料层的金属细丝，这些记号圈常标称“防挂线”，但由于太细了，容易被意外地织进去，这样只能剪断线或“老虎尾巴”。

整形/定型金属丝

在晾干整形时（见30—31页），把几段结实、防锈的金属丝插入蕾丝边缘的孔中，让织物更有形。这不是必需的，不过如果织的蕾丝很多，还是值得添置的。

其他有用的器材

各种各样的针

你需要精选不同型号的钝头毛线缝针，用来缝合接缝处，或在出错时固定针脚。切记要用尽可能小的针，如果线细针粗，容易把针脚拉变形。细的麻花针和各种棒针在修补错针时也同样有用，同样也要比编织用针细一些。

在我编织时坐的椅子边放有一个盒子，里面装有各种各样的针：细针、麻花针、T形针、毛线缝针，在漏针或断线时，就能立即固定住线圈，不会脱更多针。

整形/定型垫

如果编织的蕾丝比较多，值得添置一个整形垫。整形垫由厚的泡沫塑料制成，上面很容易插进大头针。一般是正方形的。

钩编线

用于“基准线”。（见19页）

行计数器

用棒针编织时，在棒针尾部的行计数器不仅能记录编织的行数，还能表明哪根是右手的针，从而确定正在编织的是奇数行还是偶数行。用环形针编织时，行计数器挂在第一圈上，并记录下编织的圈数。

针号标

尽管不是必需的，但在编织袋里放上一个针号标还是有用的，如果有美国和欧洲两种标号就更方便了。

大头针

编织用的大头针和做衣服用的大头针不同，做衣服用的大头针在织物中很容易隐藏得看不见了。编织用的大头针的针尖是钝圆的，针头很大，这样一来线不容易滑脱，针也容易看到。

剪刀

一把尖头的小剪刀很有用。不要用来剪纸，这样会使刀口变钝而挂线。

> **提示**
>
> 要确保针和线反差明显：深色的线用浅色的针，浅色的线用深色的针。

环形针：这样的细针在挑针时很好用

棒针：选用头尖的针

环形针

编织应避免使用钝头针

编织应避免使用较重或有尖的记号圈

大头针

尖头小剪刀

棒针用行计数器

环形针用行计数器

记号圈：挑选不同的记号圈以适应大小不同的针

针号标：这个小巧的东西上还有密度标尺

毛线缝针

毛线

几乎所有的毛线都能用来编织蕾丝，但有些出来的效果也许不太明显。如果花费了大量的时间来编织图案上漂亮的孔洞，你不会想用那些让图案模糊不清的线。

羊毛线

优点：贴身，上档次，悬垂性好，染色性能好。

缺点：不易洗易干，容易被虫蛀，相对不太结实。

适用于：披肩，孩子的衣物，围巾，盖毯。

腈纶线

优点：结实，易打理。

缺点：不上档次，有的易脏污。

适用于：孩子的衣物，日常用的披肩，需要经常洗的东西。

棉麻线

优点：结实，不易褪色，可高温洗。

缺点：无悬垂性，无记忆力，无弹性，不贴身，重。

适用于：家居用品，轻薄夏装。

羊驼线

优点：保暖，悬垂性好。

缺点：重，不易打理，无记忆力，会有线圈。

适用于：日常用的披肩，围巾，等等。

马海毛线

优点：非常轻，非常保暖。

缺点：卷曲的线圈会使图案逊色，不易打理。

适用于：披肩，围巾，轻薄的上装。

羊绒线

优点：非常轻，非常保暖，贴身，悬垂性好。

缺点：不易打理，不太结实。

适用于：披肩，围巾，毛衫，等等。

丝线

优点：强度高，非常容易染色。

缺点：比较光滑不好编织，难以打理。

适用于：家居用品，披肩。

不同纤维的优缺点

精美的设得兰蕾丝除了能用精细的设得兰羊毛线外，别的纤维的线也能用。一般来说，天然纤维整形、定型效果最好，但人造纤维容易打理。

样片，样片，样片

如今有很多能用的不同纤维的线，每种都有些许不同，所以在开始织一件大的作品前先试织样片很重要。编织样片给你个机会去研究和弄懂图案，也给你个机会去看一下自己是否喜欢用这种线和图案来织一件大的作品。

首先根据17页表中的建议选择针的型号。起针数要足够重复编织两到三次图案，织出的长度至少要有10cm。然后收针，洗一下，整形（见30—31页）。

处理整过形、晾干后的样片，因为放松后尺寸或许会变化。拉拽，弄皱，放一下，再弄平，测量。成品在使用前，尤其要经过上述的步骤。

认真审查样片。针的型号是否最适合这种线和图案？有的人喜欢织出的蕾丝更紧一下，那就按照自己的喜好做吧。

细线，粗针

编织蕾丝，是编织有洞的图案。这些洞要足够大、能看清才行，所以用的针要比一般的粗。例如，用精纺线织一件全下针的毛衣，通常用美式6号针（4.25mm）。但如果编织蕾丝，就需要用10号（6mm）或10.5号（7mm）针。

密度

一开始你也许发现织出的针脚的密度很不均匀。不必担心，蕾丝中的密度不均匀不像全下针编织中的那么明显。随着你越来越放松自如，你会发现织出的密度越来越均匀了。

“耐洗”纤维

见到“耐洗”的标签时不要掉以轻心。也许是这样，也许洗后变得像绳子一样。要知道不同的洗衣机是非常不同的。不要对线团腰封上的洗烫说明坚信不疑。起码要认真读一下上面印的小字：通常“机洗”的意思是温度30℃，弱洗挡，而不是标准洗。

混纺

一般而言，混纺使线具有各种纤维最好的特性。所以羊绒和丝混纺的线比羊绒线强度更高，比丝线更贴身。

编织不同衣物的针和线

这里推荐了能尝试的各种合适型号的针。这不是一成不变的。任何情况下，针的型号都取决于你想要的效果以及选用的线和图案。希望作品轻薄通透，就用推荐范围内较粗的针；想让作品更有型、孔洞更清晰，可用范围内较细的针。

线的粗细	针的型号	用途
比阿伦线粗的线	美式型号15—20 (10—20mm)	罩单，盖毯，冬季厚围巾
阿伦线	美式型号11—15 (8—10mm)	罩单，床毯，围巾，靠垫套
精纺线	美式型号10—11 (6—8mm)	婴儿毯，围巾，靠垫套，冬季披肩
细绒线/4股	美式型号7—10 (4.5—6mm)	冬季披肩，围巾，睡帽/束发带，婴儿日常披肩，薄毛衣，披肩，帽子，手套
轻细绒线/3股	美式型号2—8 (2.75—5mm)	婴儿衣服，袜子，披肩，等等
蕾丝线/2股	美式型号1—7 (2.25—4.5mm)	夏季披肩，围巾，睡帽/束发带/束发圈，长方桌旗，小垫布，桌布，晚装毛衣，带袖披肩，袜子，帽子，手套
蛛丝线/1股	美式型号1—3 (2.25—3.25mm)	婚礼服，婴儿披肩（更适合收藏而不是使用），长方桌旗，小垫布，桌布
比1股线细	美式型号1 (2.25mm及以下)	传家宝织物

同一个图案，同样的线，用不同型号的针织出的样片

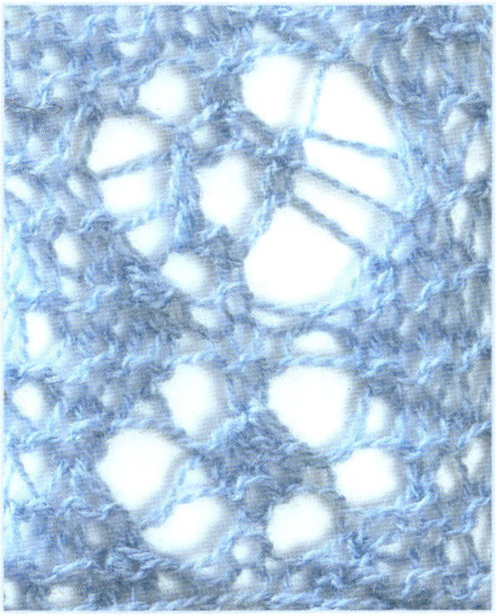

美式10号针（6mm）

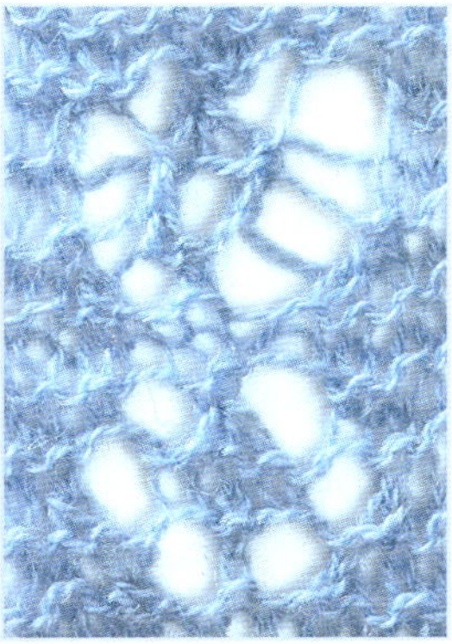

美式8号针（5mm）

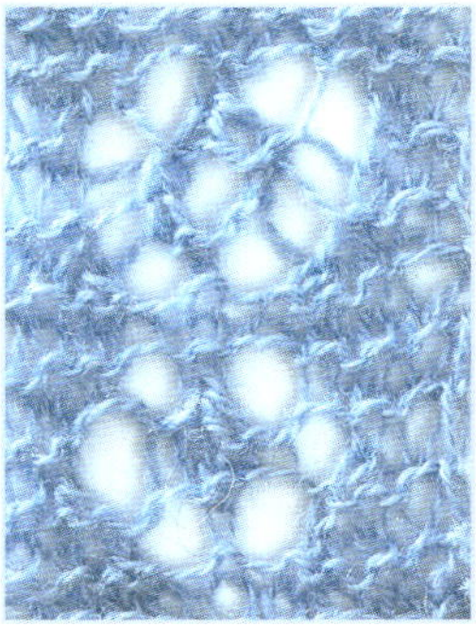

美式7号针（4.5mm）

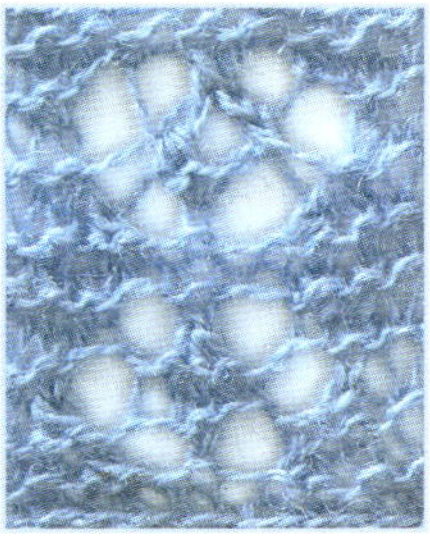

美式4号针（3.5mm）

编织基础

编织蕾丝确实只是编织，用的方法与其他编织是一样的，不过一两个特别的技法会让你的作品完美无比。

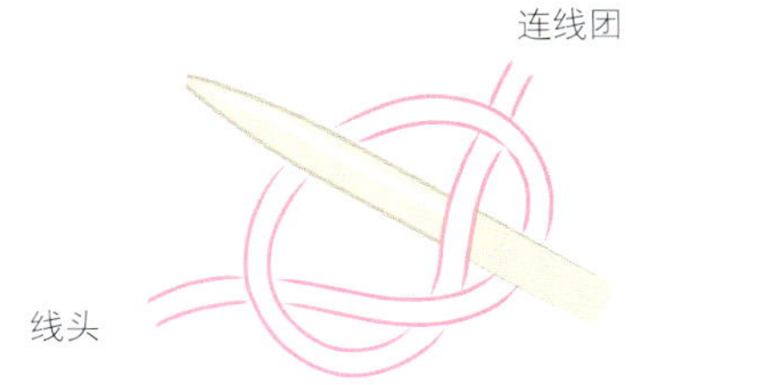

打活结

每一件编织作品都是从打活结开始的。如图所示把线挽个圈，线头留适当长度。用针尖挑起线圈里的线，轻轻拉紧针上的结。

起针

因为有孔洞，蕾丝织出来会比较宽，所以要确保起针足够宽松。如果你织东西时手紧，起针时就用比平时大一号的针。蕾丝编织有两种常用的起针方法。

方法1

这种方法在任何情况下效果都不错。有弹性，使一行线圈在随后需要时容易挑起来。

1 打一个活结，套到针上。另一根针从后面穿过线圈，绕上线。

2 用针尖把线拉过来，把形成的新线圈套到第一根针上。需要多少针就重复多少次。

方法2

这种方法只用一根针，起的边松散，几乎看不到。但如果第1行掉了1针，就很难再找出来了。

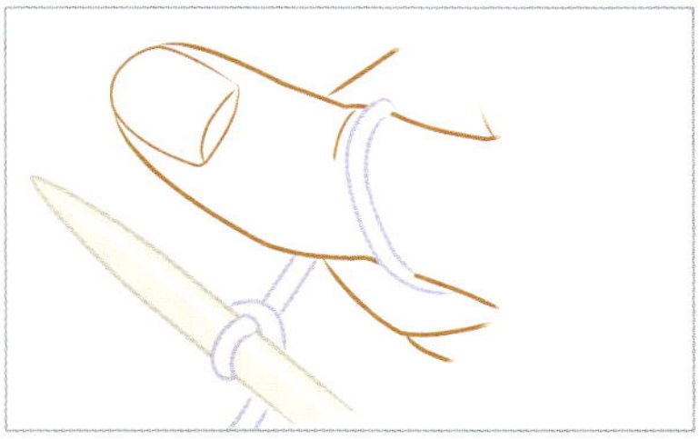

1 打一个活结，套到针上。如图，把线在右手拇指上绕个圈。左手握针。

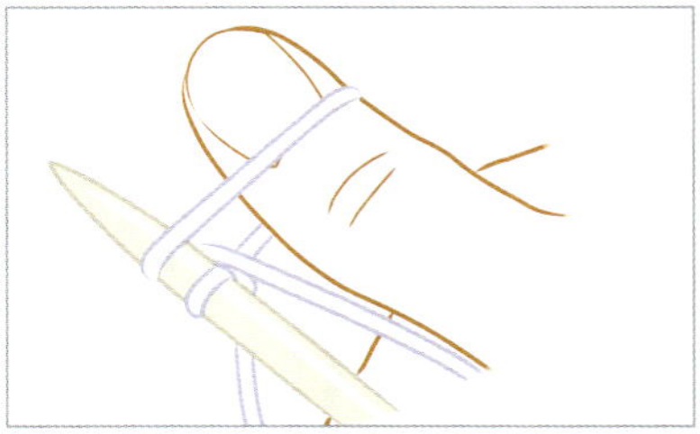

2 用针尖把线圈挑到针上，拉线使线圈稍微紧一些。重复，直到需要的针数。不要让线圈太紧。

挂针

编织蕾丝时，孔洞是由“挂针”形成的。有些书中也许会称为“卷针”。线在针上绕的确切的方式，取决于这针之前和之后是上针还是下针。不论下一针是平针还是减针，绕线的方式都不变。

在设得兰蕾丝编织中，迄今为止，下针对下针是最常见的。线是在织物中远离你的一边。线在针下逆时针方向移动，绕过针头，再拉下来，为下一针做好准备。

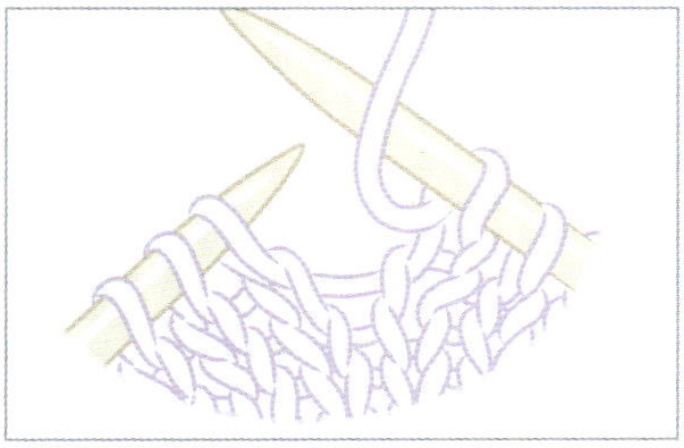

1 在下针行织1针挂针，要把线从后带到前，到两个针之间。

2 然后在右手针上绕一圈到后面，准备织下一针。

“烛光”在全下针的背景下效果最好

背景是起伏针或全下针？

所有的蕾丝编织都是在起伏针或全下针的背景下呈现的。传统的蕾丝多是在起伏针的背景下编织的。

细线总是需要起伏针的背景。但有时全下针背景会更合适。“烛光”（见79页）在全下针的背景下效果最好。“老石头”（见109页）也是以全下针背景为基础的。

较重的线——精纺线或粗线在全下针的背景下效果较好，如果用起伏针的背景，织出来的东西看起来比较厚重。

收针

蕾丝编织用通常的方法收针。不过还是要确保收针足够宽松。收针时换成比织其他部分大几号的针。

处理线头

把线头织或缝进去至少5cm。在洗和整形（见30—31页）前，不要剪去线头。等晾干之后，再用尖头小剪刀剪去线头。

基准线

基准线穿过针上所有的针目并保留在原处，直到织完作品。基准线提供了一处准确无误的地方，其后如果出现错误，可以方便地回到基准线处，确保此处针法正确。

使用记号圈

记号圈是编织图案时会用到的东西，让手指能感觉到哪里是单元结束的地方，哪里是针法（例如减针）完成的地方。另外，还可以用记号圈标记图案中的重复之处。确切地说，在哪里放记号圈是由你决定的，放得太多会影响编织的流畅。刚织一个图案时，特别是不同行针数变化的地方（例如110页的“海扇”），每一到两个重复处的记号圈是很有帮助的。用记号圈来提供帮助，如果帮不上，就去掉。

减针

每织1针挂针，就增加了1针。因此，为了不越织越宽，就需要减针。在大多数图案中，挂针后在同一行中要相应地减针，以保证针上的针数不变。偶尔挂针和减针不在同一行进行，使行之间的针数发生了变化。

如果要减1针，需要把2针并为1针。如果要减2针，需要把3针并为1针。减针方式不同，出来的效果也不一样。有些是左侧斜边的效果，有些是向右侧斜边的效果。

一般来说，当一排孔洞向外移时，减针是在挂针外进行；当一排孔洞向里移时，减针是在挂针内进行。用这种方式减针，形成的孔洞最大。如果孔洞形成了线状，这种方法效果最好。

2针并1针

右侧斜边减针为左上2针并1针，即织下针，把2针并1针。还有两种很重要的左侧斜边减针：右上2针并1针（从2个线圈的后面插入织针织下针,把这2针织在一起）和滑针右上2针并1针（滑针，滑针，下针减针，把这2针织在一起）。两种方法都试一下，按感觉较容易的方法来织，细线看不出有什么不同。

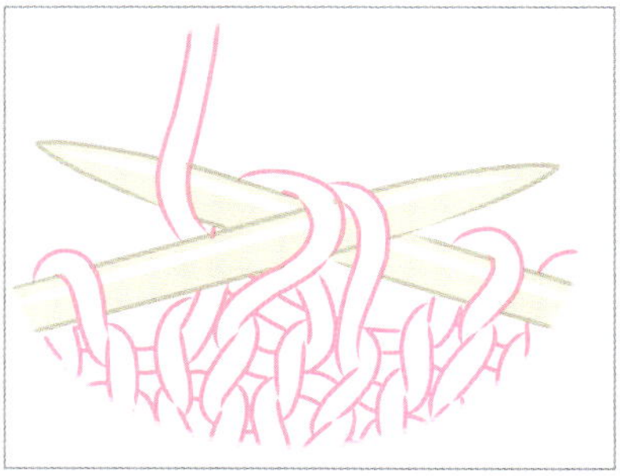

右上2针并1针

在织下针的行，把右针从接下来要织的左针上的2个线圈的后面插入，织下针,把这2针织在一起。

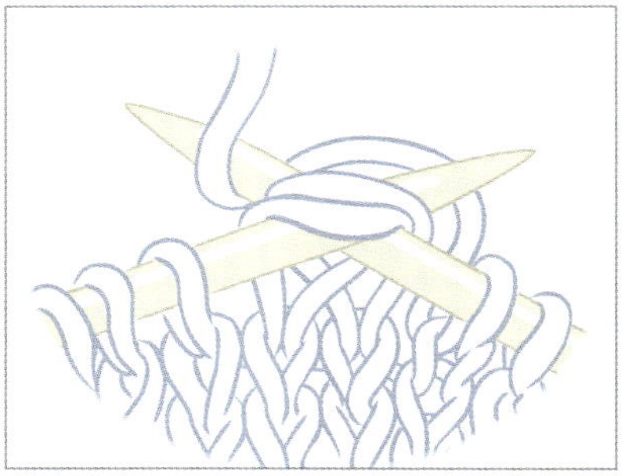

左上2针并1针

在织下针的行，把右针从左到右，插入接下来要织的左手针的2个线圈，织下针，把这2针织在一起。

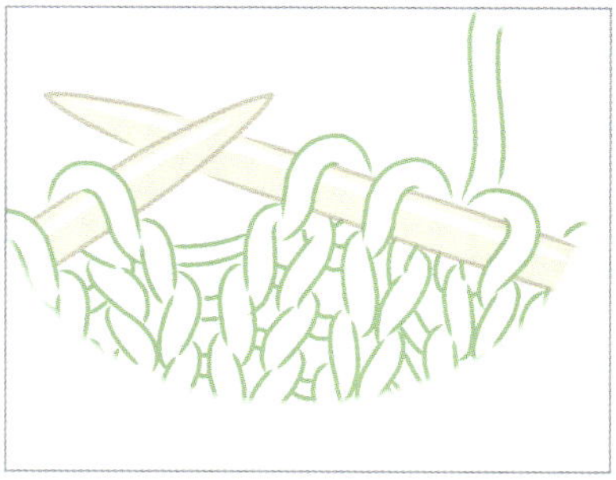

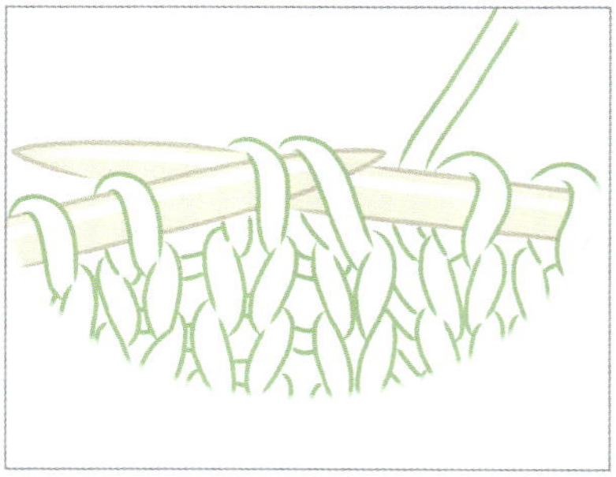

滑针右上2针并1针

1 下针方向滑第1针，下针方向滑第2针（一次只能滑1针）。

2 左针从左向右，从这2针滑针的前面依次穿入，接着织下针将这2针织在一起，新织成的1针在右手针上。

3针并1针

3针并1针有很多种方法，但在设得兰蕾丝中几乎只用右上3针并1针这种方法（从线圈后面插入，织下针，3针并1针）。把针尖从线圈后面插入要容易一些，因为这样是在“外侧”开始的。右上3针并1针在奇数行和偶数行都能用。

从工艺上来说，这是斜边减针，不过实际效果上是汇于一点了。

如果需要（如99页的“羽毛和扇子”），可以以这种方式把4针或更多针并为1针。“海扇”（110页）需要把13针并为1针！

用细线织时，右上3针并1针这种方法适应于任何情况。不过，如果用精纺线或比较粗的线，你也许想使这几针形成一个“点”，在这种情况下，可用中上3针并1针（滑1针，左上2针并1针，把滑针线圈套过左上2针并1针形成的线圈）的方法，形成整齐的箭头状。

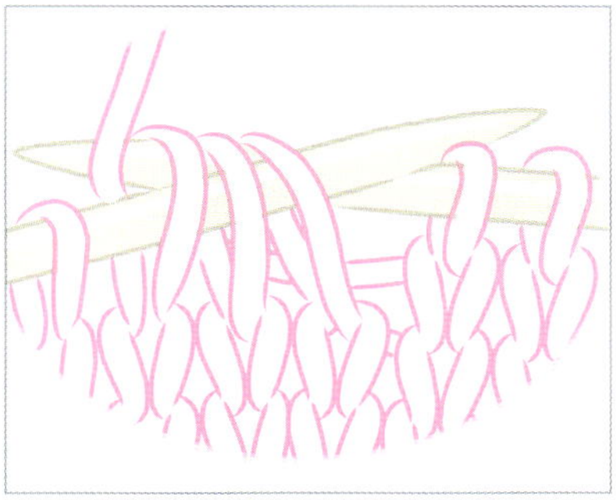

右上3针并1针

在织下针的行，把右针从接下来要织的左针上的3个线圈的后面插入，织下针,把这3针织在一起。

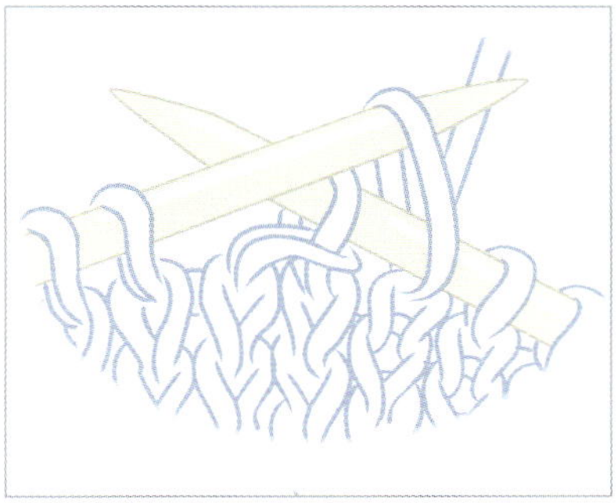

中上3针并1针

滑1针，下针把接下来的2针并为1针（减了1针），用左针尖挑起滑针，越过刚织的下针，从右针上拉下来（第2个减针）。

上针减针

一般情况下，2针并1针采用上针左上2针并1针的方法，3针并1针采用上针左上3针并1针的方法。线比较粗时，可以采用上针右上2针并1针（从线圈后面织上针把2针并为1针）的方法，但比精纺线细的线，用上针左上2针并1针的方法就可以了。

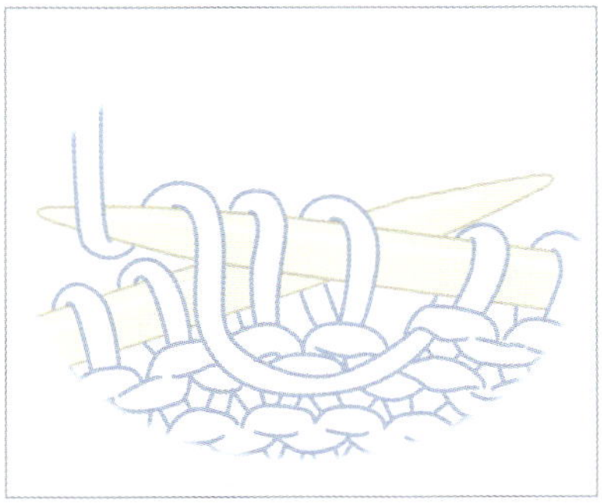

上针左上2针并1针

在织上针的行，把右针插入接下来要织的左针的2个线圈，织上针,把这2针织在一起。

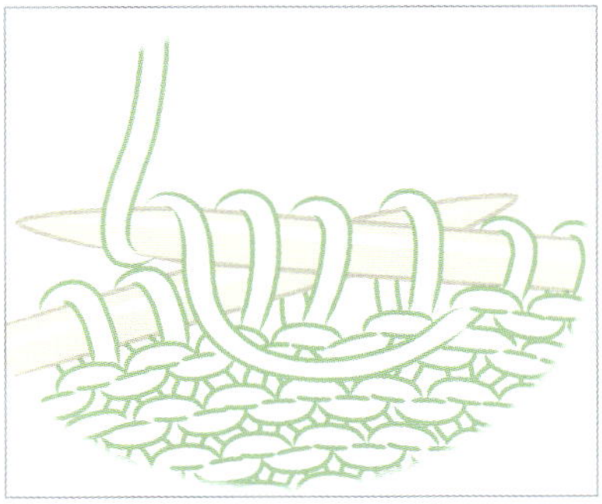

上针左上3针并1针

在织上针的行，把右针插入接下来要织的左针上的3个线圈，织上针，把这3针织在一起。

接线

大多蕾丝作品没有复杂的接缝处或反面可以隐藏接头，所以，织的时候要想好哪里可以隐藏接头。长的线头要一直留着，不要剪断，直到洗后整形（30—31页）。

蕾丝编织有两种接线方法：打结隐藏和拼接隐藏。

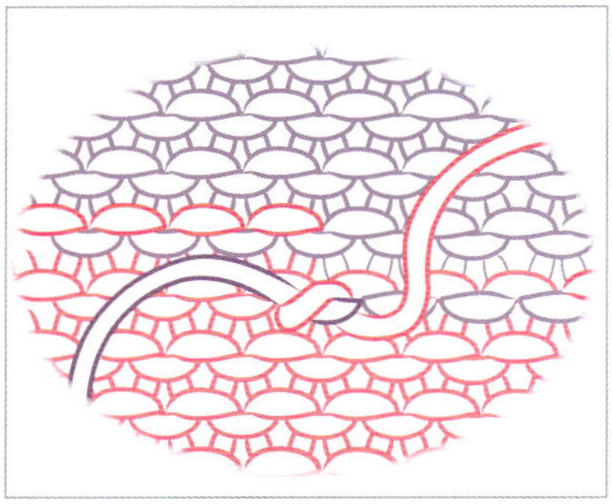

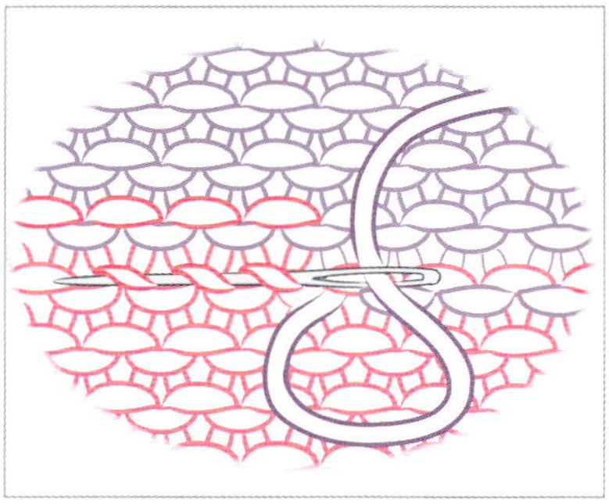

打结隐藏

可以把接线隐藏在减针处，边框和中心图案之间，或挑起的针脚处。接线时，把原来的线与新线打结连起来，等织过了连接处，把结解开，把两根线相互拧着绕一圈。

把松开的两端缝进织物，方向是和这根线编织的方向相反。在反方向上缝过几个针目，然后贴近织物剪断。

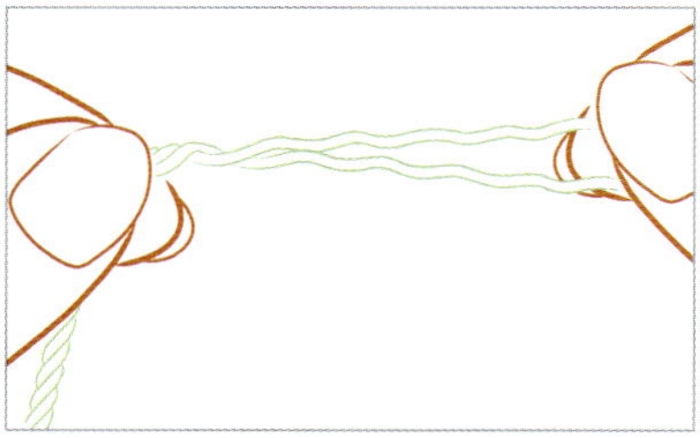

拼接隐藏

这种方法只适用于2股及2股以上的线。把原来的线和新线的两端都拆开约15cm，散开不要拧在一起。

把原来线中的1股线放在新线的1股线的边上，如图所示，把这2股线捻在一起，两端又变回普通的线。现在就可以用接起来的线编织了，没拧上的两股线随后剪断。

换色

如果要换色，有两种可能的方式：把不用的线带到边上，或是把线剪断，把线头缝进去。

在边上把一种颜色的线带上2行，新色线在旧色线的后面拉上来，开始织新的色条。带上来的线圈在织物后面，边缘整齐。

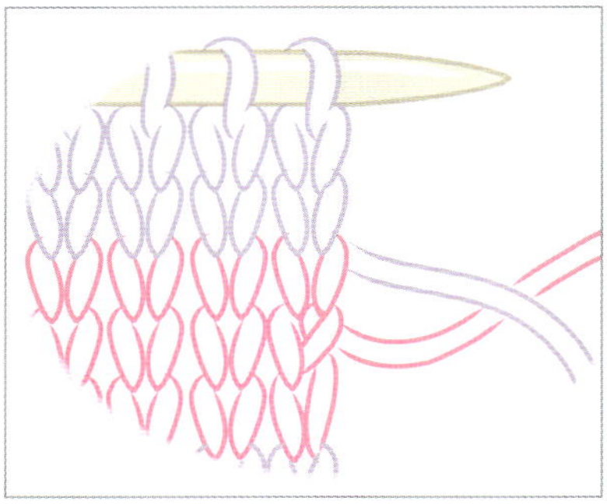

在边上把一种颜色的线带上4行及以上，在每一行都要把线在边上的线圈中绞一下，以免线圈过大过松。

多于4行时，更好的方法是把线剪断，把线头缝进去。每一次用新线织第1行时就能剪了。一次缝1个线头。如果有2个线头，随后用钝头毛线缝针把第2个线头缝进去。

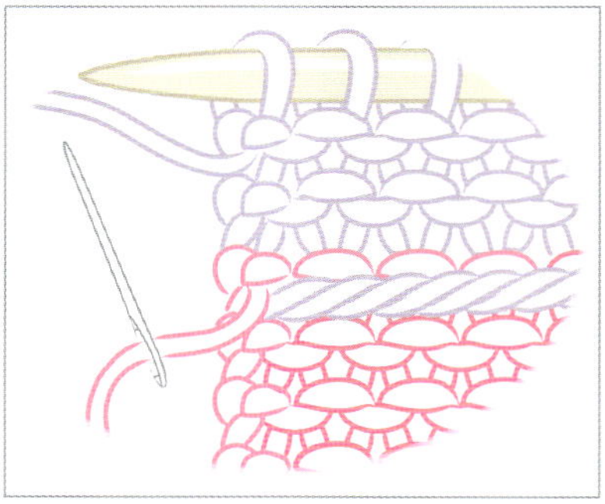

怎样看图谱

按图谱编织可以看到编到图案的哪一步了。出错时能及时发现。

图谱

图谱中的每一个方格代表一个动作。在图谱中行数是由下往上计数。奇数行从右往左织，偶数行从左向右织。

图谱也许边缘不齐或中间有空格。这是由于不同行的针数不同。没针的空间也排上来是为了让图谱更容易看懂，图案中的挂针尽可能放到了作品中有孔洞的位置。

不过，如果挂针和相应的减针没有连在一起，图谱中看到的和织出的效果会不一样。这会令人困惑。

符号

首先要说明的是，没有一套标准的符号。每人都有自己做图谱的方式，同样的符号在不同的书中可能代表不同的意思。

本书选用的符号见142页。

一个“空”格表示背景针法，在设得兰蕾丝编织中，基本上奇数行和偶数行的背景针法都是下针，也就是说设得兰蕾丝通常是在起伏针的背景下编织的。如果图案的背景是全下针，那么，奇数行织下针，偶数行织上针。

读图谱

以65页“猫爪饰带”的部分图谱为例。最下1行有7个格，表示要织7针。

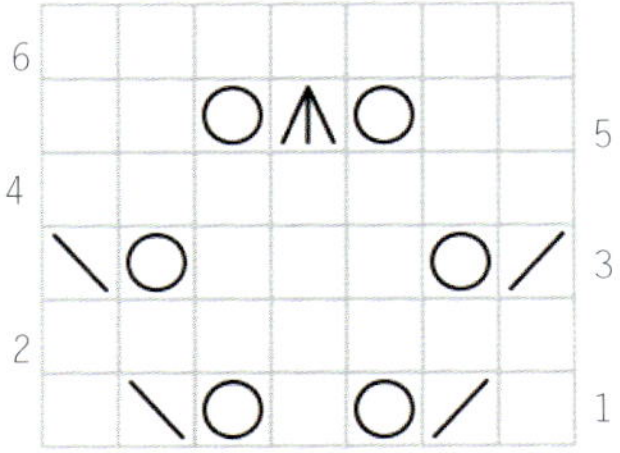

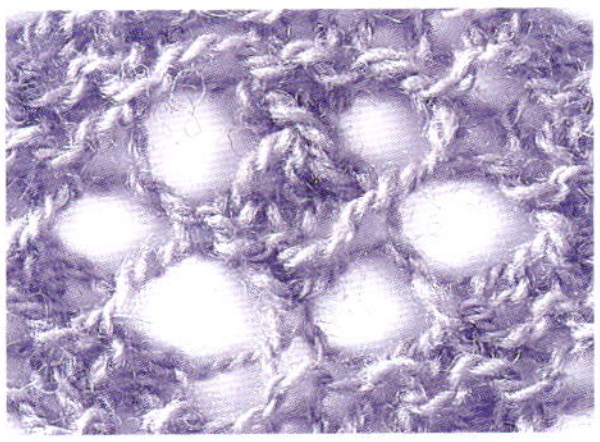

第1行 从底部右侧开始。第1格是空格，所以是1下针。接着是1右侧斜边减针（左上2针并1针），然后是挂针，1下针，挂针，左侧斜边减针（可选右上2针并1针或滑针右上2针并1针），最后是1下针。

如果简要写出就是：1下针，左上2针并1针，挂针，1下针，挂针，右上2针并1针，1下针。

第2行 从左向右看，都是空格，所以都是下针。

第3行 左上2针并1针，挂针，3下针，挂针，右上2针并1针。

第4行 全下针。

第5行 2下针，挂针，右上3针并1针，挂针，2下针。

第6行 全下针。

看一下图谱图案中的挂针和样片中图案中的洞，不难看出这是同一个图案。

提示

- 如果你还不熟悉蕾丝编织和/或图谱，可以在针法选择索引中的图谱边上抄上编织说明，这样就可以根据给出的说明，来检查自己的作品。
- 开始编织前要研究图案的细节，设得兰图案也许看起来复杂，但都是由小的图案组成的。开始动手前，先把这些弄清楚。
- 找出图案中的参照点，例如，哪里会有1个下针穿过图案，或者上1行的挂针对应于当前行的哪1针。这会帮助你很快发现错误，以便你能及时改正过来，而不是以后费很多功夫返工。
- 学着看织的东西，观察带洞的图案和减针的轨迹，与图谱进行对比。如果每几行都这么做一次，就更容易发现错误，不知织到哪里时也更容易找到在图案中的位置。

偶数行的符号

偶数行是从左向右看。织的针法像下针、挂针、右上3针并1针等，与奇数行一样。但当反面对着你时，左侧斜边或右侧斜边的减针方法要想有同样的效果，要用不同的方法。所以符号“/”在奇数行意味着左上2针并1针，但在偶数行意味着右上2针并1针。

收边与缝合

收边与缝合，往往是成败的关键。你已经花费了大量的时间和心血来编织蕾丝，收边与缝合时花一些时间做得更好是值得的。

收边

蕾丝的收边绝大多数情况下都是露在外面能看到的，是设计的重要部分，所以学会使其看起来很整齐是很有用的。

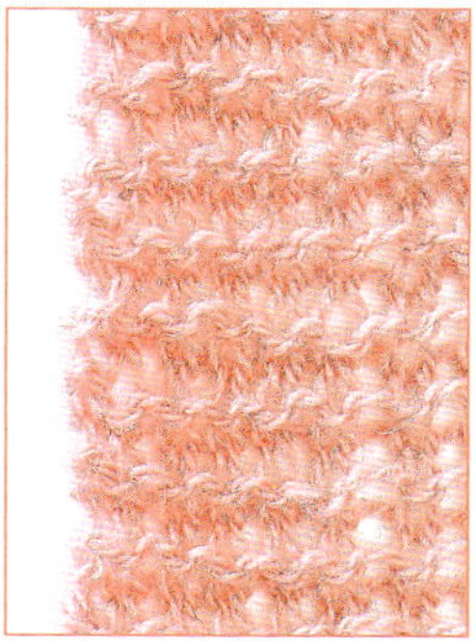

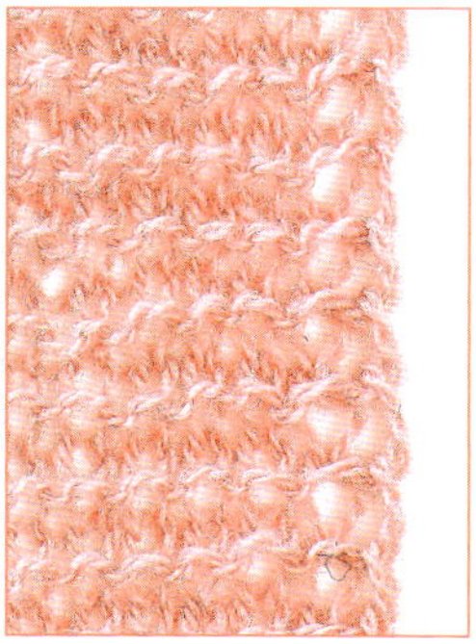

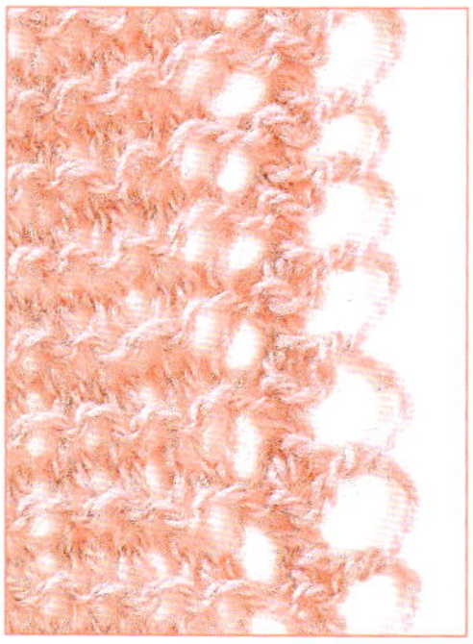

方法1：下针

和平常一样织下针（上针）。这种方法在起伏针编织挑针时效果最好。如果收的边是露出来的，要当心针距的每一处微小的不同都能看得到。

方法2：上针方向滑1针

这种方法形成了链状的收边。如果后面要在收边上挑针就很有用了。本书中的滑针一般都是向上针方向滑针。

方法3：挂针，右上2针并1针

把线放在针上面，像要织上针一样，然后从线圈后插入，织下针，2针并1针。这样在边上形成了一个小线圈，这种方法可用作一些花边的收边。值得注意的是，线放在针上面和针放在线下面是一样的。因此，在右上2针并1针中，当把织针插入前2针时，实际上是从线下面挑起了针。这种收边只用在起伏针上。

编织和拉紧

织新的一行的第1针，然后要把线拉紧——要真的拉紧，不是松松垮垮的。这使上一行的最后一针和这一行的第1针都绷紧了。如果你担心线会扯断，可以用一段线试验一下拉断的力道。

缝合

有时需要把接缝处缝合起来。如果缝合前的每件织片都很平整，缝合后也会比较平整，所以要把织片叠放在桌上。

选用与线匹配的毛线缝针——细针配细线，针头一定要是钝头而不是尖头。

平缝可采用锁缝或其他方法。看一下织片针脚的大小，缝的时候也要用相同大小的针脚。不过在缝合毛衣时针脚会大一些，松一些。

尽可能从最下面一行开始缝，一行对一行。如果是向上针方向滑针收边，这很简单：沿着边把每个链环挑起来缝就行了，要确保每次缝在一起的部位相同。如果是全下针收边，收边由一个结和其后的一段垂直线组成，缝合时，结对结，线对线。

锁缝

反面朝外，把针插入两片织物中，只穿过每片织物外侧边的单根线段，把针带回来从同一边再次插入，如此重复直至缝完。打开后，缝合处很平，没有脊状突起。

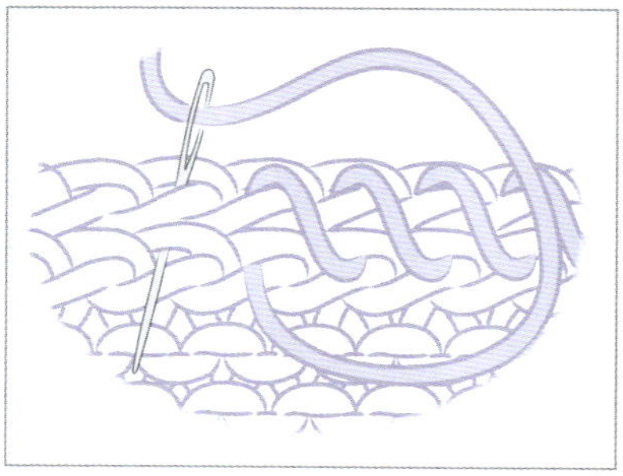

嫁接缝

嫁接缝把两组活线圈缝在一起，缝后几乎看不出来。知道要干什么，接下来就简单了——最重要的是把第一对线圈对在一起。如果时间有限，千万不要进行任何嫁接缝。30针也许你3分钟就缝好了，也许需要一个半小时或更长时间。

嫁接缝起伏针

嫁接缝起伏针织片时，一定要确保一个织片的边是奇数行，另一个织片的边多一行，是偶数行。准备工作是给毛线缝针穿上线，把每个织片缝合边的一组线圈换到比织针细一些的针上。把2片织物正面相对平放，多出1行的织片放上面。桌子那一面是“后”，面对的是“前”；针从前向后是“远离你”，从后向前是“朝向你”。

开始缝时，将穿好线的毛线缝针向下，远离你，穿过上面织针的第1个线圈（从前向后），接着向下，远离你，穿过下面织针的第1个线圈。现在，把毛线缝针向上，朝向你，穿过下面织针的第2个线圈（从后向前），向上，朝向你，穿过上面织针的第1个线圈（从后向前）；然后向下，穿过上面织针的第2个线圈；接着向下，穿过下面织针的第2个线圈；向上穿过下面织针的第3个线圈，向上穿过上面织针的第2个线圈，向下穿过上面织针的第3个线圈。继续上上下下地缝，直到行末。

动手之前就考虑好结尾

用和编织一样的线来进行嫁接缝，所以要保证剩下的线够用。

用另一种颜色的线练习

如果你是嫁接缝的新手，可以织2片起伏针的织片来进行练习。嫁接缝时用不同颜色的线，这样就能看清楚嫁接缝的方式。观察你嫁接缝时针脚的大小，要和编织时针脚的大小一致。

弗雷迪，特迪

玫凯琳是一位曾教过多年数学的伟大的设得兰编织者，她教我如何记住嫁接缝起伏针的动作，她说在设得兰方言中，“远离你”的发音是“弗雷迪”，“朝向你”的发音是“特迪”，所以起伏针嫁接缝的动作就是“弗雷迪，特迪！”。如何记住哪一个在先呢？F在字母表中排在T之前。

挑针

如果沿着一个方形挑针（例如披肩，抱枕的前面），会遇到三种类型的边：正在编织的活线圈的边，起针的边和侧边（有2条）。在这些边上的挑针方法各不相同。挑针用的针总是比编织用的针细很多。注意要先挑起一组线圈，再织这一组线圈，最好不要边挑边织。

挑针后织的第1行

从照片中可以看出，挑到针上的线圈的样子是不同的。

从下针收边和上针方向滑1针收边上挑起的线圈，第1行需要从线圈的后面织入。而从挂针、右上2针并1针收边上挑起的线圈，正常编织就可以了

起针边

在大多数情况下，如果需要在起针的边上继续编织，起针时可以用零碎毛线。继续编织时一针一针拆掉零碎毛线，把活线圈放到针上。如果没有用零碎毛线起针，挑针的方法取决于起针的方法。如果看一下起针行的一端，会看到有一排斜的线圈，一个针脚有一个。把针插入斜的线圈，与线圈呈X形，这样会使接着针尖退后挑起下一个线圈变得容易些。

第1针、最后1针的结构可能不同。这里可能不得不就地取材，把针插进一个线结。或者，也可以织入前面一针的前线圈或后线圈。

挂针、右上2针并1针收边

对这种收边，每隔1行的头上都会有1个比较大的线圈。如果织的是起伏针，把这些线圈提上来。全下针编织避免用这种方式收边。

全下针编织边

在全下针编织中，结与线段代表了行。不过，全下针编织每4行大约挑起3针，所以除了结，每隔1个线段也挑1针。可以边挑边织，或者，更好的是先都挑起来，再一起织。后一种方法容易一些，不过需要专心一些。

滑1针的边

这种边看起来像一条链子。对于起伏针背景，在每个链环处挑起1针。每个链环有两条“腿”，如果挑起1条腿，织出的效果是一条线，另一条腿隐藏起来了。与在起针边上挑针时一样，插入的针与要挑起的“腿”呈X形。

起伏针边

观察一下织的边，会发现一系列的“结”与“线段”相连。每一个代表一行。对于起伏针，每2行需要挑起1针，所以需要把针插入每个结中，把结挑起。也可以把每个线段挑起代替结。不过，挑起线段相比难一些，挑起的结显示为挑起的线圈间的隆起。

加上花边

完全可以先收针，再整齐地缝上花边。不过，如果你更喜欢在收针的同时编织花边，这里就告诉你方法。如果收针时线圈是在环形针上，会更容易些。我把这些线圈称为“原始线圈”。
还需要一根相同型号的棒针。

1 用棒针给花边起针，棒针上的这些线圈就是织花边的针脚。

2 编织花边的第1行，然后是第2行，织到剩余最后1针。现在，把第2行的最后1针与原始线圈的第1针织在1起。

3 按这种方法继续织，每个花边偶数行的最后1针与原始线圈的1针并在一起织。

这里，原始线圈所在的织片是蓝绿色的，花边是蓝色的。

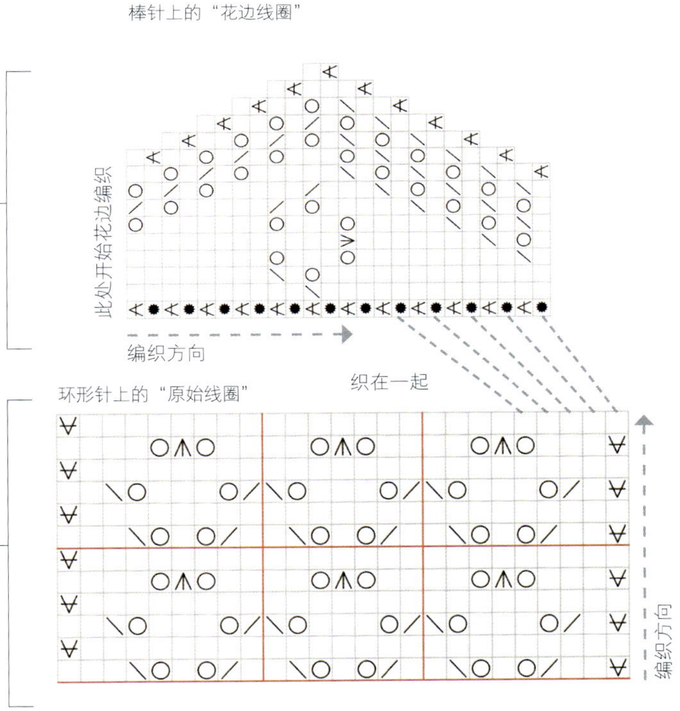

如上所示，加花边时编织方向改变了。

处理错针

我们都出过错！我估计相对于我织好的每一条围巾，我其实是织了一又四分之一条，多出来的都是拆掉的行。关键是要知道什么时候能避免错误，什么时候必须拆掉。

你经常会因为针数不对而意识到出错了。如果针数多，可能加入了多余的挂针；如果针数少，可能是掉了一针，或者少绕了线。纠正错误的关键是找到出错的地方。如果用了很多记号圈，找的时间会明显加快。如果没有用记号圈，就从行的起始处开始找，直到找到错针处。

掉针

首先把掉的线圈用针固定住，以防继续往下脱更多。然后再用钩针或麻花针继续处理。如果掉的针超过1针，或涉及减针，就要考虑拆到出错的地方。

多了挂针——多出1针

很容易多加入1针挂针，例如在左上2针并1针的前或后。补救只需把多出的线圈从针上滑下来。即使已经织过了1行，也能从上1行把线圈滑下来。整形时能把这些痕迹去掉。

忘了挂针

可以在下1行或下1个正面行进行改正。在下1行比较简单，只需把该绕线处的线段挑起来就行了。如果在接下来的1行中，就要挑起下面的第2条线段（在应该出现挂针的地方），绕过上面的线段成线圈，就像对所有掉针的处理方式。

把挂针错误地织在减针的一边

需要去掉左上2针并1针和挂针，然后再按正确的方法织。如果在出错后已经织了2行，在下面的第2条线段上改正，然后再织上面行的第1条线段。

多了左上2针并1针——少了1针

在这种情况下，需要观察一下织物，看一下现在的效果，是哪里出了错。有两种选择：可以拆回去，或在正织的行上通过挑起2针之间的线段加1针，从线圈后面插入织下针。

在有些图案中，第三种选择是在接下来的行中少织1个左上2针并1针，或者在3针并1针的地方改为2针并1针。只有仔细端详图案，才能找出解决问题最好的方法。

行开头没有滑1针，而是织1下针

在这种情况下，要根据接下来边的处理方式来决定采取什么措施。如果错误出现在要挑针的边上，就不要拆回去了，因为挑针后错误就不会引人注目了。如果错误在外露的边缘，要么放在那里不管它，要么拆回去重织。

图案的一部分都错了

没有直接的方法处理这种情况。需要花点时间决定是把织物拆到出错之前，还是只拆一部分。

先把织物拉展开，如果是用白色毛线编织的，就在下面垫上深色的布或毛巾；如果是用深色的毛线编织的，就

样片显示出各种错误出现的地方，并解释是什么样的错误。不过，要观察的重点是，在最后织成的作品中，它们看起来是多么不起眼。

花边中缺了2个平针行——见图中1。

把挂针错误地织在了减针的一边——见图中2。

左上2针并1针， 挂针错织为左上2针并1针，挂针，挂针，滑针右上2针并1针——见图中3。

多出1针：右上3针并1针错织为右上2针并1针 ——见图中4。

左上2针并1针， 挂针， 滑针右上2针并1针错织为挂针，挂针；下1行在1个挂针中织1针上、1针下——见图中5。

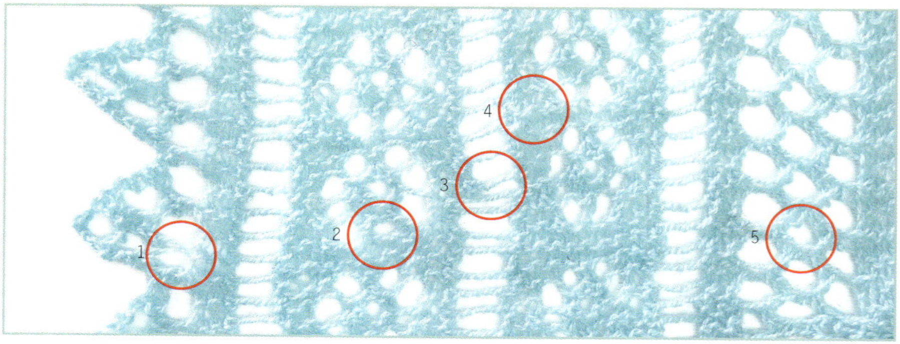

用浅色的衬底。挑剔地看一下，再等一下，然后再做出你的决定。

小件织物的拆回

对于小件织物，最好的方法是拆回去。

1 如果在适当的位置有基准线（见19页），你也许想拆到那个地方。如果没有，把针抽出来，慢慢地、逐渐拉线，拆掉针目。

2 把错误的地方拆掉后，用比编织时小一些的针把线圈穿起来，然后再织到原来的针上。

大件织物的拆回

如果大件织物需要拆回，要衬上对比色的底，把织物放在软木板或其他表面能钉大头针的东西上。准备一些大头针和细一些的编织用针。如果是用很小的针在织，毛线缝针的效果也不错。织袜用针或其他短、细的棒针都很有用。

1 把织物展开，把不需要拆掉的部分用大头针钉好。如果有掉针的地方，用大头针固定住，以免滑脱更多。对要往回拆多少针要心里有数。

2 现在，小心地往回拆，一直到出错的针下面，把活线圈用大头针固定。拆完后是一行大头针上面有一堆线。

3 现在，用准备好的棒针再往回织。每重织好1行，都要拉扯一下，使针脚平整。

4 一旦织回原来拆针的地方，就换回原来的针，接着往下织。织几行后，往四周拉扯一下，你可能很惊奇它怎么显得那么小。不过洗后经过整形就会大不一样了。

修补断线

有时不小心挂住织物，线挂断了。这真让人心碎，不过不要绝望，还能修补得天衣无缝。看一下发生了什么情况，脱了多少针，涉及多长的线，以采取相应的对策。

对于织物用在何处要心中有数。婴儿盖毯可以用打结来处理，而一件晚礼服中的披肩修补起来要更加精细。

1 不管要采用什么方法，首先要把断线上下脱的线圈固定好，这样当你拉扯线进行修补时，就不会脱更多的针了。

2 你需要用额外的线来修补断线，所以要打算好在哪里接线，怎样接线。经常需要拆掉几针，以便有足够长的线头来接新加进来的线。

3 接线时拼接在一起的线的长度不少于7.5cm，或打结。结可以隐藏在2针之间或者减针处。

4 现在，用新接的线和毛线缝针来“编织”脱掉的线圈。如果涉及几针，用同样的方法修补。

5 把修补的线圈与断线上面的线圈嫁接缝在一起。完成后用通常的方式缝进线头。

蕾丝整形

“整形”（设得兰的术语）或定型，是把蕾丝洗后拉伸晾干的过程。一般来说，织片的宽度会增加大约三分之一，长度会增加大约十分之一。

主要是天然纤维会有比较好的整形效果，换句话说，洞撑开了，并在干后能保持住。人造纤维在整形后容易变回原来的形状。

关于婴儿披肩的只言片语

一位忙碌的妈妈没有时间也没有欲望来精心打理披肩。如果想用披肩，可以选质量好的腈纶线织的，能扔进洗衣机洗、用烘干机烘干。如果披肩很珍贵，就花钱让洗衣店清洗。毕竟，原来的设得兰披肩，是送回给编织者清洗、整形的……

清洗

1 在盛器中倒入温水，加入几滴质量好的洗涤剂，产生较多的泡沫。把织物放进去，挤压一下。要按压，不要搓、拧，捞出，把水尽可能挤压出来。

2 在盛器中用温水漂洗，再重复漂洗。每次漂洗都要确保温度相同。温度的突然变化会导致缩绒。

3 现在把织物放在洗衣袋或枕套中，选择洗衣机羊毛脱水的模式。或者，把织物放在毛巾上，把毛巾卷起来，挤压毛巾卷，尽可能把水除去。

晾干和整形

整形需要一个比织物大的平面，能用大头针把织物钉上去。可以是一块特制的软木板或泡沫板，或者是闲置房屋中的地毯。还需要一些大头针。

1 把织物放到整形板上，先大致拉开，再从中间开始按织物的形状拉平，目的是让织物平整，织物上的洞张开。

2 织物拉成应有的形状和尺寸后，开始用大头针固定。

如果中心周围都是洞，这里就要用到金属丝。记着，随着整形的进行，也许需要拔出先前插入的大头针。这项工作很麻烦，不要急于求成。

如果织物的边比较单薄，就把每一点都固定起来。开始时每隔3个点固定一下，把整个蕾丝都按这种方法固定好，再回过头来把中间的点固定上。如果你发现不得不把固定过的部分拔出大头针重新固定，也不要觉得太不可思议。

3 织物固定满意后，晾干，再放置24小时，然后再拔去大头针。

借助大头针和金属丝，使织物尽可能呈现最好的状态。

因地制宜!

如果你没有一个大的、固定的地方来进行整形工作，这里还有几种方法可供选择。

- 在空闲的墙面钉上软木砖，做成整形板。

- 在一张空闲的双人床上铺上厚厚的、蓬松的毛巾，蓬松很重要。把织物放在毛巾上，从中间开始拉平整，毛巾的摩擦力有助于织物保持拉开的状态。然后再单独把每个扇形拉开。

- 把织物折叠起来整形。确定如何折叠——可以利用沿着中心边的线或斜接线。如果可能，把扇形固定上，适合的情况下把几层钉在一起。这样做晾干需要的时间长了，整形占用的地方小了。

- 考虑熨烫。在熨衣板或桌面上铺上厚毛巾，放上织物，盖上一层厚布或毛巾。把熨斗放在盖布上熨几秒钟，从中间开始熨，一次熨一边。最后熨蕾丝的边，边熨边拉开扇形（如果你对此紧张，可以先在样片上熨着试一下）。

存放蕾丝

蕾丝完全晾干后，剪去线头，轻轻地叠起来，放入棉袋（旧枕套挺好）中，防虫剂要一同放入。或者把蕾丝卷在硬纸粘成的管状物上。如果织物是白色的，最好在管状物上先包上防蚀纸，在织物各层间也用防蚀纸隔开。

织物使用后，细心地叠好，在椅子上放24小时，装回袋子中。如果织物经过了很好的整形，当用后需要洗时，洗后就不必花同样多的功夫打理了。平整地晾干，如果需要就折叠一下，但不必用大头针固定扇形了。

洗护

把织好的作品所用线的标签保存下来是个好主意，上面有洗烫说明可供参考。或者把这些内容记下来。标准的洗烫符号列在下面，不过你可能更喜欢手洗自己织的作品。如果这样，要用温水轻柔地洗，加入温和的洗衣液。大多数羊毛或纤维专用的洗衣液很理想，但要注意选择不含荧光增白剂的，它会使线褪色。要漂洗彻底，自然晾干。

标准洗烫符号

手洗	机洗	漂白	熨烫	干洗
不可手洗或机洗	(86℉ 30°C) 可在标注的水温下机洗	不可漂白	不可熨烫	不可干洗
可手洗	(86℉ 30°C) 可在标注的水温下机洗，冷水漂洗，短时脱水	(CL) 可以漂白（含氯）	低温熨烫	(A) 可以干洗，适用所有干洗剂
			中温熨烫	(P) 可以干洗，适用四氯乙烯、含碳氟基或汽油基的溶剂
			高温熨烫	(F) 可以干洗，只适用含碳氟基或汽油基的溶剂

设计设得兰蕾丝

好的设计，是把合适的图案用合适的方式组合在一起。大部分工作是在反复试验，制作样片，没人能一直正确。不过，一些指导方针会有所帮助。

请注意，为了简便，我全部用“披肩”这个词来描述，对于围巾、桌布、杯垫、婴儿盖毯、抱枕、婚纱等，方法是完全一样的。

基础

无论你要做什么，在设计过程中都要提出和回答5个问题：

- 想要什么形状的作品?
- 想用什么毛线?
- 想要什么图案?
- 想要什么密度?
- 想织多大尺寸?

你回答时要考虑作品的不同，要求的不同。例如，如果你存有两束手工染色的线，所有事情都会围绕着这两束线来考虑。另一方面，如果你想为圆桌织桌布，就从形状入手。

实际上，你会把5个问题放在一起考虑，不过，分开来会更简单。

什么形状?

有三个系列：

三角形——窄的，宽的，矮的，高的。

方形——包括长方形。

圆形——包括半圆形。

其他形状是这些的组合或变形——例如：椭圆形，法罗披肩的形状，六角形等等。

什么毛线?

任何线都能用于编织蕾丝作品，不过有些会比其他的效果更好。有两件事要考虑：粗细，纤维。

一般来说，线越粗，织出的作品越重。用蛛丝线给猫窝织个盖单是可能的，但却不是明智的。

说到线的成分，要考虑一下作品是用在哪里，特别是，多久洗一次，怎样洗。你也许想织一件蛛丝羊绒或美利奴婴儿外套，但是妈妈几乎没有时间和精力来手洗和打理精细的蕾丝。如果你要织一件礼物，一定要考虑接收者的情况和需要。

什么图案?

实际上，设计蕾丝作品最费心的部分是找到合适的图案，用合适的线，织出合适的作品。不是所有发表的设计都是好设计，也不是所有传统的设计都是好设计。

起步时要根据自己的技术水平：如果你只织过6针6行重复1次、反面没有挂针的图案，那就不要尝试特别复杂、没有重复图案、隔行有挂针的编织。

如果没设计过蕾丝织片，遵循一种惯例有助于把在一起效果好的针法结合起来。一旦你知道现在在做什么了，你可以把设得兰图案与爱沙尼亚、美国、西班牙的图案放在一起，也许不错。

如果拿不定主意，就去繁存简。看一下老的披肩或其照片，就会看出，效果最好的最不繁琐。针法图案也许很复杂，但可以用相对简单的方式将其结合在一起。

对样片挑毛病。我织好样片后，洗一下，定型，放几天，其间可以织其他作品。然后再看一下样片，问自己：这和我希望的一样好吗？如果诚实的答案为不是，就试着找出哪里有问题，改正过来，然后，接着往下干吧。

什么密度?

我记得两个安斯特编织者之间的讨论，他们都是织了一辈子的这方面的专家，关于他们正在编织的织片的密度是否合适，换大一号的针是否效果会更好，他们各自都有自己的观点，并互不妥协。

通常，这并不关乎对错，只是不同的选择而已。只有你知道自己想要什么样的效果，想怎样编织。确实需要考虑织的东西的用途（比如新娘盖纱要能看见外面），不过，除此之外，这是非常个人化的选择，尽管线的粗细和轻重也会影响你的选择。

什么尺寸?

你想要多大的织物？应该多大？成品的尺寸常常会影响图案的选择。重复一次需要很多针的图案放在小的织物上，看起来总像错了一样。如果成品是边长20cm的织片，选择13cm宽的边毫无意义。

设计图形

4条简单的规则

下列的规则几乎适用于所有情况，可以打破这些规则，但这样做很难出来好的设计效果。

- **粗线的图案要简单一些**

满花的图案用粗线织效果不错。重复一次的针数和行数都要少一些，一般来说，要想有好的效果，最多10针重复一次。“老石头”中的图案是18针重复一次，效果确实也不错，不过，只有仅仅4行……

- **花式线的图案要简单一些**

对复杂的线（如马海毛、粗细节花式线等）和颜色变化的线都要这样。织袜线的效果不错，但是同样要针法图案简单才行。

- **把图案元素联系起来**

要使一件织物有整体感，就要使针法图案的元素之间相互结合成一个整体：包括中心、边框、花边，可以是一个图案（如猫爪）或一种形状（如菱形）。这些元素不必全都包括在织物中，但让中心和花边之间建立一些联系确实是不错的主意。

- **不要设计得全是洞**

最好的设计要有实心的部分与孔洞相平衡。你需要能看到单独的形状和图案，如果它们之间没有足够的间距，看起来会很凌乱：只能看到孔洞，而不是孔洞的图案。

我将采用设得兰蕾丝用于披肩各部分的字眼：中心，指的是一件织物的主要部分；边框，指的是中心周围的部分；花边，指的是外围部分。不是每一件织物都包括这三部分，但设计时考虑这些术语常常很有用。

圆形

几乎所有的圆形织物都是从中心向外织，这里要决定的是采用放射状增加还是层状增加。
无论用哪种方式织披肩，你都能选择花边是直着向下织还是向一侧织。

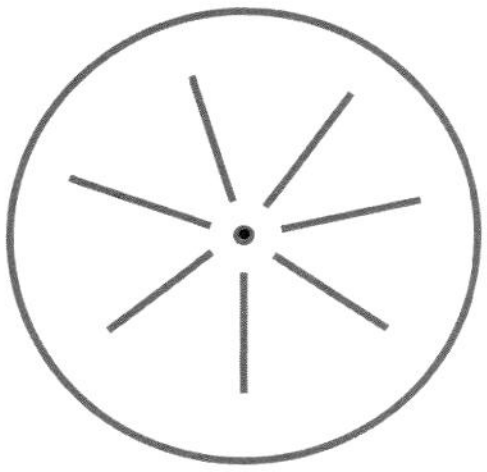

放射状增加

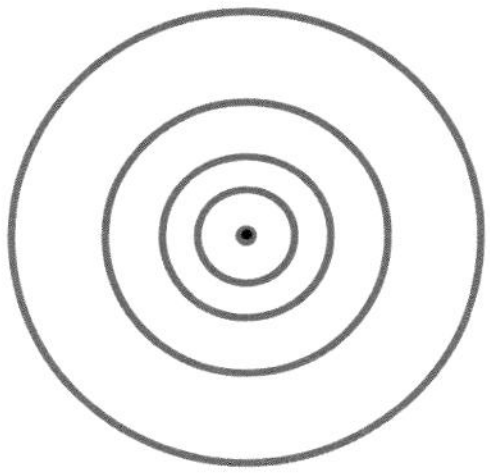

层状增加

放射状增加

在这种情况下，把织片分成几段弧形，在这些点上均匀加针，即每隔几圈加几针。
如果在全下针背景下编织，需要每隔1圈加6针。如果在起伏针背景下编织，需要每隔1圈加8到9针。
这是基本的加针频率，不过，也可以稍稍加以改变。例如，在全下针背景下，常常可以每4圈加12针（分为6部分，每部分加2针）。
如果采用几个分开的图形，或想设计轮辐放射状增加的图案，放射状增加的效果都不错。放射状增加用于满花效果不好。

层状增加

在这种情况下，在某些行会加很多针，其间的另外很多行不加针。实际上是织一段针数相同的行，然后加针织一行，接下来再织一段加过很多针的行。
这样就织出来一系列的同心圆。每个环都有一组相同的针数，连续性设计效果很好。环的宽度可以根据需要调整。需要知道环的外圆直径或周长，据此算出所需的针数。
层状设计用于满花的环状图案效果不错，其优势是只在特定行针数有变化，这使设计和编织都容易一些。层状设计还可以塑形，例如，可以织成桌布和披肩适合的圆柱形。

从顶角往上织

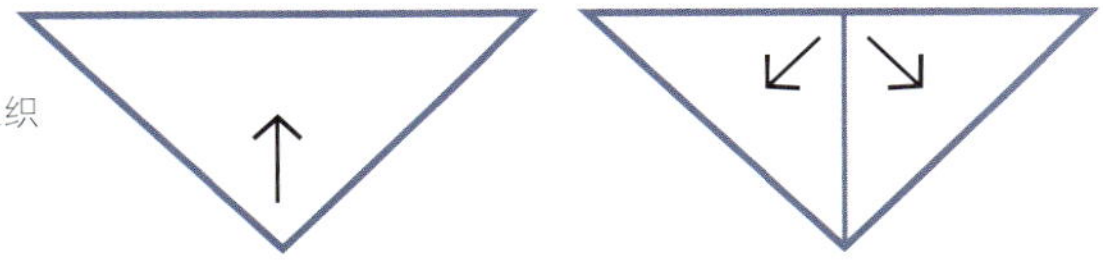

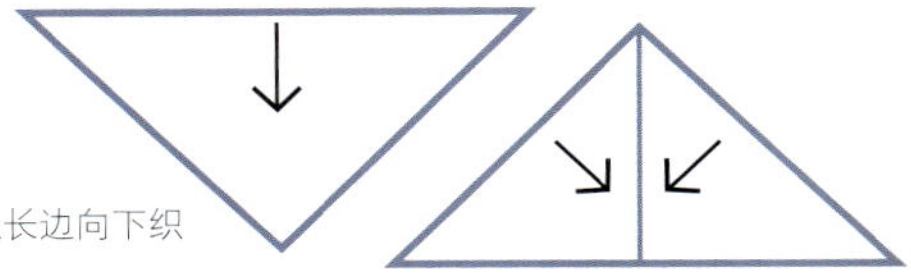

从长边向下织

三角形

编织的三角形可以有很多形状，不过通常是在等腰三角形（即有两条边相同）间进行变化。另外，三角形的披肩通常是由其他的三角形组成的。这说明要非常仔细地考虑作品的构成。

可以有两种织的方式：从顶角往上织，或从长边（等腰三角形的底边）向下织。从顶角往上织的方式很常见（挂针加针很容易）。

从顶角往上织

在这种情况下，是从顶角开始向上织，最长边始终在织针上。加针是在边缘或靠近的地方进行的。

加针的速度决定了形状。在起伏针背景下，加针的速度通常是每半边每行加1针，更常见的是每隔1行加2针。对于全下针编织的作品，如果用这种加针速度，织出的三角形会窄一些。

尽管上面第二个图看起来像是从长边向下织，但实际上是由从顶角往上织的2个三角形组成的。

从长边向下织

在这种情况下，是从最长的边开始向下面的顶点织。与其他方法相比，这种方法不太灵活，在开始编织前，需要把整个作品的设计考虑充分。

减针是在三角形的边上进行，可以在织物的两条边上进行，或者把织物分成2部分或更多部分，在这些行内减针。

不知道线够不够?

可以采用从中间往外的方法织方形和圆形，从顶点往上织的方法织三角形，纵向的或横向的方法织长条围巾。

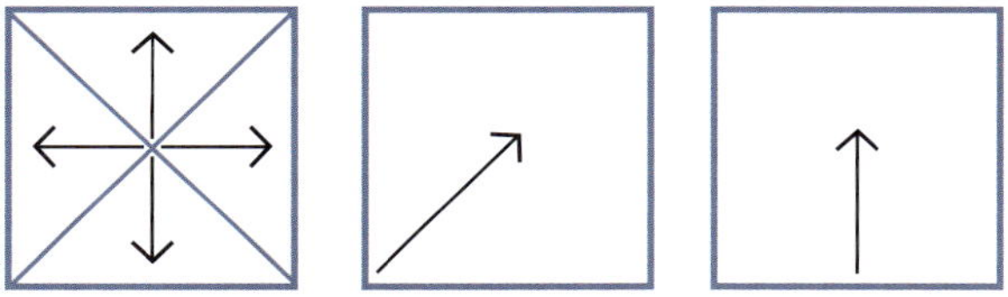

中心方形

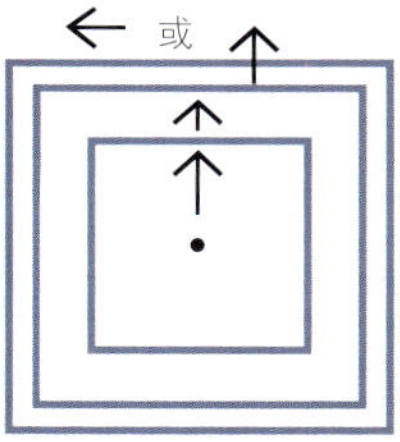

中心向外

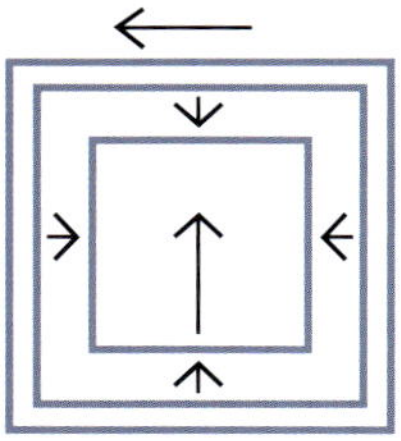

由外向内

方形

织方形的方法很多，不过基本上归为两类：从中心往外织，从外向内织。

中心方形

如果披肩有中心、边框和花边，可以用几种方法织中心的方形：中心向外（基本上是4个三角形）；角到角，加针然后减针；从一边直着向上。在这些主题下还有不少变化。

中心向外

这是编织裹式披肩的传统方法。这种劳动中戴的披肩是设得兰女人每天都离不了的，戴了几个世纪，裹式意味着包裹起来以保暖。这里，首先织中心，然后边框是沿着中心挑针向外织。4条边框也能单个分开织，随后斜接缝在一起。花边也能向外织，或者向一侧织。

由外向内

这是设得兰编织精细披肩的传统方法。

首先织花边，可以是1片，也可以是单独的4片。接着沿花边的直边挑针，然后织4个边框。

中心从最后那条边框处开始织。中心织完后的活线圈与对面边框嫁接缝在一起。两边的边框的线圈与中心的侧边缝在一起。

注意，对于精细的披肩，边上的针一般不织了，因为这会形成比较粗的突起。

组合图形

对作品的形状和构建方法有了基本思路后，就需要确定要用到的针法图案。

通常，在翻阅针法选择索引时，你会找到一款自己特别想用的针法图案。如果是这样，就从这款图案开始，记下图案的针数和行数。接着略记一些其他你喜欢的、匹配的针法，不要忘记33页的“规则”。

现在，需要做一些数学题了。不要害怕数字，你只需一个计算器和一张纸就行了。从最大的图案开始，记下它包含的针数和行数。对于每边都有花边的披肩或围巾，先看行数。为方便起见，选择有相同的行数或乘以倍数后行数能相同的花边。

例如，假设中心部分想用“马蹄”（76页）这个图案，这是每10针、8行重复一次的图案，如果每边都有花边，比较理想的行重复是每4行、8行或16行重复一次——例如，“波浪花边”（87页）每11针、16行重复一次，“塞浦路斯花边”(89页)每12针、8行重复一次。如果用“波浪花边”，那么“波浪花边”每重复一次，对应的“马蹄”就重复两次。如果用每20针、12行重复一次的“爱尔兰或伊莱恩花边”（113页），那么中心的“马蹄”重复3次，对应着花边重复2次。

样片

需要通过样片试验、观察几件事：针号/针距，针法图案的效果，针法图案的位置，针法图案的组合，针法图案和线之间的相互影响，把所有选择放在一起后的效果。织物越大、越重要，就越需要通过样片进行试验。

大致知道自己想要什么之后，就该把想用的针法按照要用的方式织出样片。例如，对于正方形的披肩，这就是有一小块中心、连着一小块边框和花边的织片。对于放射状的披肩，就需要披萨块一样的织片。

这些织片不需要是全尺寸的，但必须大到能看出来成品的效果。

设计披肩

接下来可进一步尝试设计整条披肩。中心要么是满花，要么是一组重复的图案。花边则采用与中心相配的图案，只有边框需要费些思量。几乎所有的设得兰披肩都是方形的，一般来说，中心的宽度是边框的2倍。确定好披肩的尺寸后，确定中心图案。考虑边框——起始边框，结束边框，以及2条侧边框——要先算出较短的边框的针数，接着算出较长的边框的针数。

在设计边框之前，要先确定花边，以及如何处理转角。如果花边比较窄，宽度大约2.5cm，或者最窄处这么宽，可以绕着转角继续织。

每一边重复的针要能织完，这样最窄处正好位于转角处。如果花边比较宽，在转角处要么打褶，要么斜接。斜接意味着连接边框的花边中的一些行没有减最后一针，这样实际上花边外边缘的织物就增多了。既然已定过边框开始和结束时的针数，就可以根据这些参数进行设计。先放置最大的图案，再填补空隙，可以使用在转角和花边中用过的一些同样的设计元素。这比较棘手，关系到整个设计的成败。在这种情况下，反复试验（样片！）会有帮助，眼光好会有帮助，经验丰富也会有帮助，但是没有单独哪一个能保证成功。记住谈到过的关于设计的所有问题，试一试吧。

设计设得兰围巾和女式披肩

设得兰围巾的端头或者说尾部比较复杂有难度，而戴在脖子后面的部分一般选用不太复杂的满花图案，这部分看不到，所以没必要织得很复杂。女式披肩是宽一些的围巾，不过女式披肩中间部分相比会明显一些，常常会有一个蕾丝边。

围巾的尾部就是你的调色板！

定好尺寸，在纸上画出图案，一旦觉得找对感觉了，开始织样片。这时，定好中心图案，织与中心图案相连的一端的尾部。不收针，再织另一端的尾部，然后把两部分活线圈嫁接缝在一起。

绘制图谱

设计图案的图谱尽量绘制在方格纸上，以便能知道织片最后的实际效果。

绘制中心图谱

坐标纸的规格不同，所以要使坐标格的尺寸与实际针目的尺寸相当。如果织的是起伏针，交替行中没有孔洞，可以考虑只绘制正面的方格图谱。如果是全下针编织，或者行中都有孔洞，就需要把正面和反面行的图谱都绘制出来。

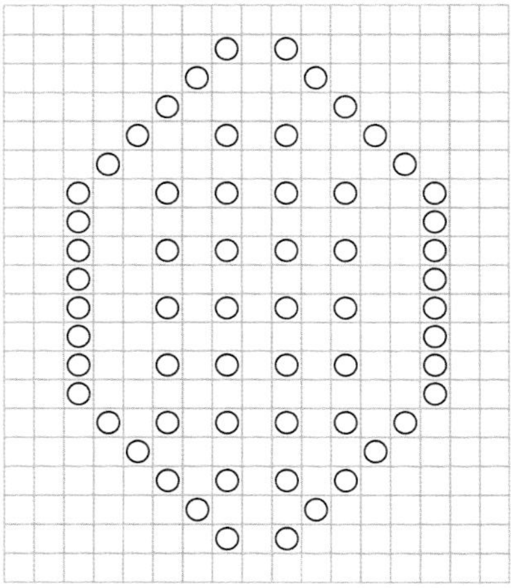

1 开始先绘制孔洞，织好后孔洞在背景上大概就是这样子。上面的这个图案就是挂针符号形成的。

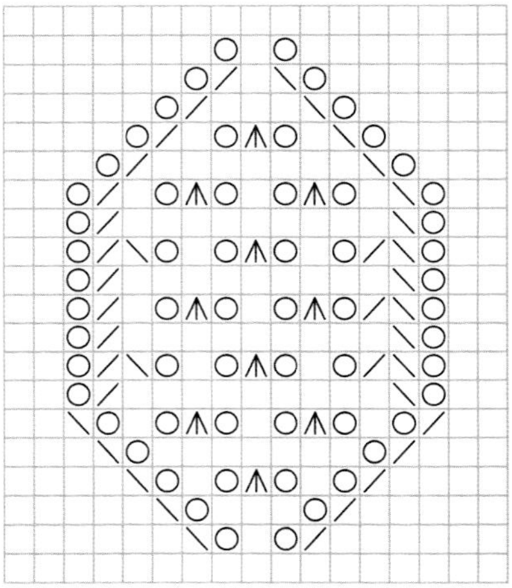

2 如果加了减针等针法，在图谱中能看到所有的针法符号。这和织出的效果不太一样。

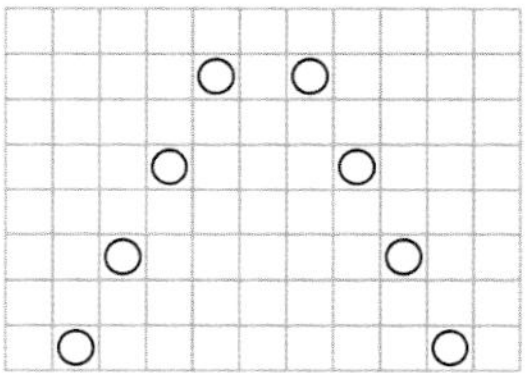

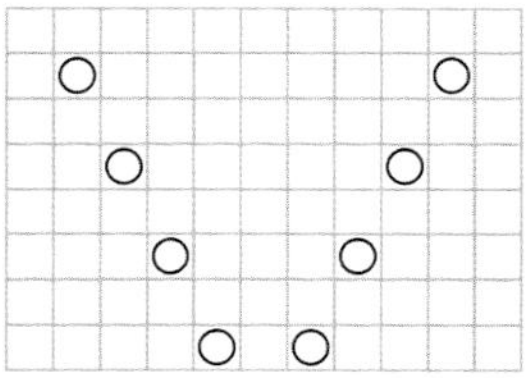

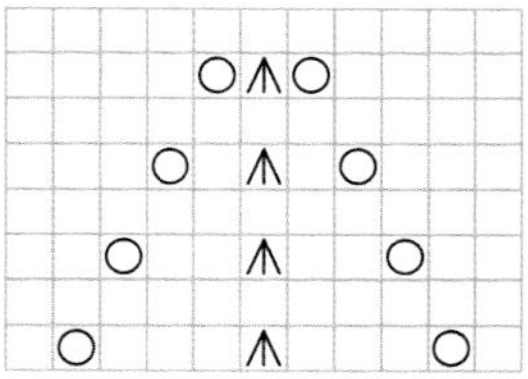

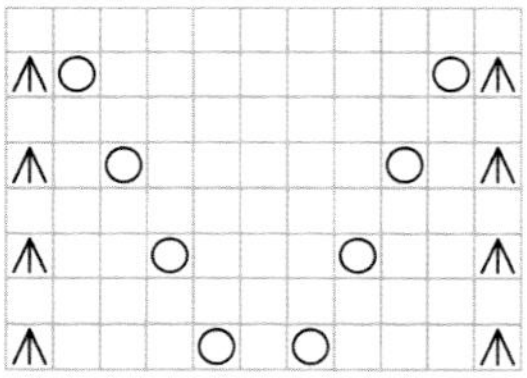

绘制边缘图谱

1 对于确定了形状的织物，要先弄懂主要的、完整的图案，接着再考虑边缘。例如，来看一下“马蹄”（76页）这个图案，这里是10针重复1次。有两处可以开始和结束：蹄子的中间或者起始、末尾处。

2 蹄子中间的减针不会造成什么问题，显示的是完整的图案。

3 如果把右上3针并1针放到图案的头尾处，每行就会丢2针。

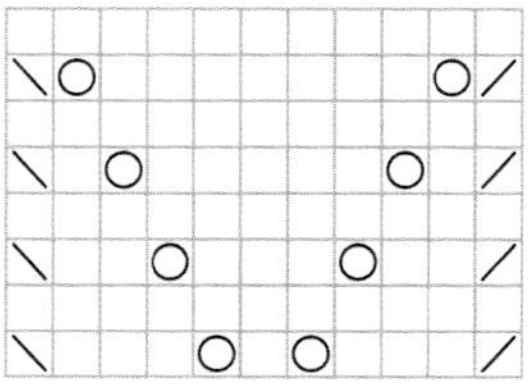

4 我们需要改为单个减针（左上2针并1针，滑针右上2针并1针）。
在边缘的图案中，把减2针改为分别减1针是很常见的。浏览一下针法选择索引，能见到很多这样的改变。

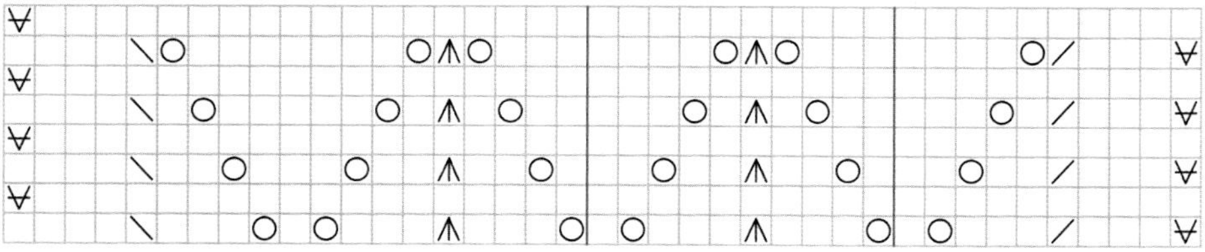

5 要做成围巾的图谱，只需在两边加一些起伏针就行了。

绘制三角形图谱

针法图案较难适合三角形，反复试验是唯一的方法。想轻松易行，就找一些比较容易适合三角形的图案。例如，如果每隔1行的头上都加针，采用前面介绍的“马蹄”图案效果就不错。

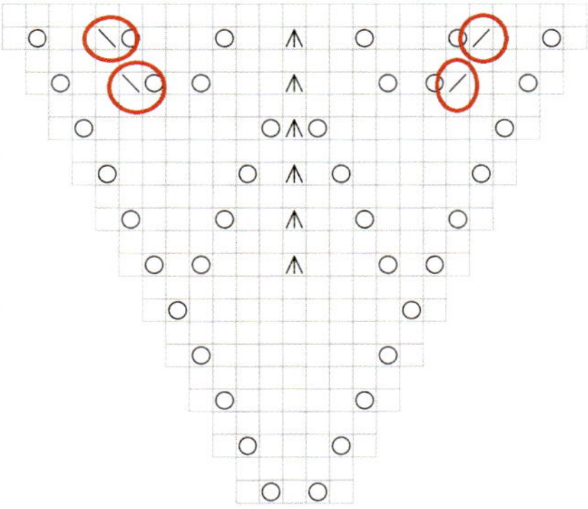

1 依然从孔洞开始。每隔1行的头上织1针挂针，但不减针，就织出了三角形的形状。先选定这些，再加入你想要的挂针形成的图案。接下来，加上“减针”，要确保减针形成的斜边方向是正确的。注意为保持针数正确而加入的单个减针（图中红圈内）。

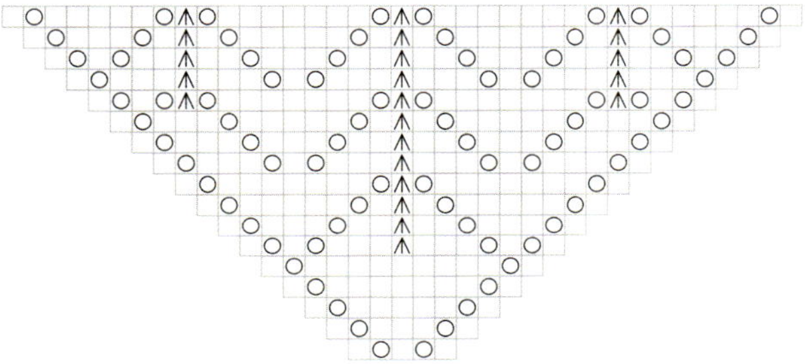

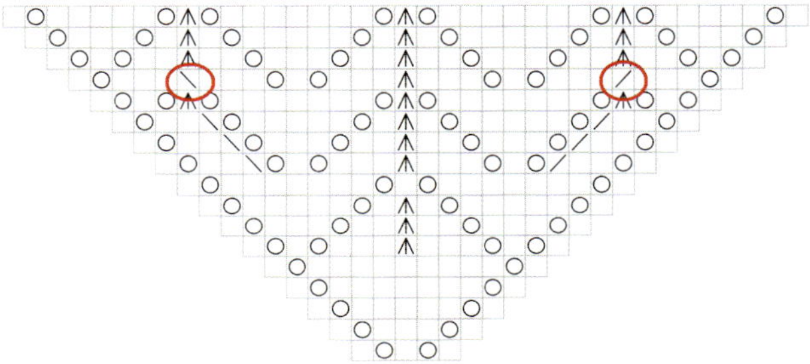

2 如果织的是起伏针，只在奇数行上有孔洞，图谱只需标出奇数行的针法，所以做起来容易一些。必须清楚图谱的情况，如果在偶数行有任何孔洞（例如，140—141页的“月牙形披肩”的边缘），都不能用这种快捷的方法。

3 按照和前面同样的步骤，先定好孔洞，然后在需要的地方减针。接着仔细检查图谱，调整减针，保证针数正确。边上的减针要用一次减1针代替一次减2针（图中红圈内）。

调整

如果选了一些图形，可以不断调整图形之间的间距，以取得合意的效果。

例如，在月牙形披肩中选用了“珠子”的图案，把珠子之间的距离从1个下针调整到5个下针，会形成很整齐的边。注意，这个图谱的每1行都标了针法，因为每1行都有孔洞。

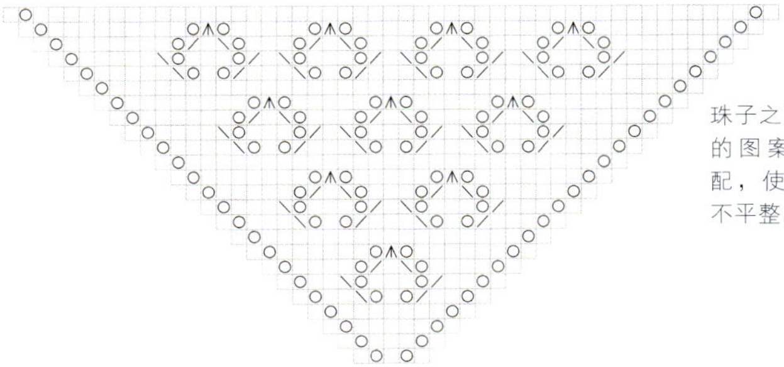

珠子之间的距离是1针，孔洞的图案和加针的图案不匹配，使披肩边上起伏针部分不平整。

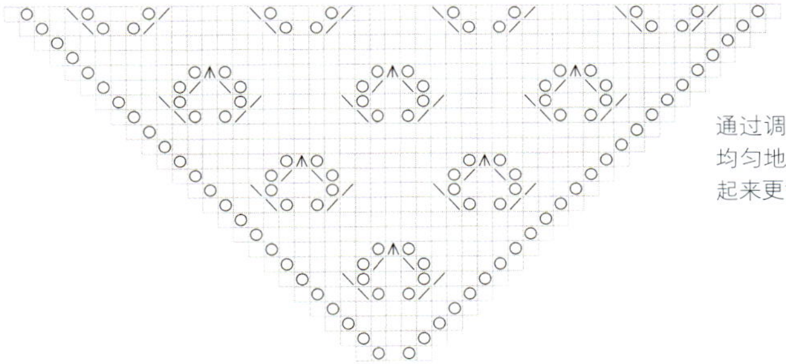

通过调整珠子间的距离，图形均匀地分布在整个织物上，看起来更舒服了。

组合图形

了解了理论知识后，就该动手实践了。本书中的针法可以没有限制地组合起来，下面的篇幅中仅仅包含了一些例子。讲述了设计背后的思考过程，以便给你信心和启发来设计自己的设得兰蕾丝。

淡蓝色样片：
猫爪饰带（65页），梯子（53页），猫爪花边（72页）

淡绿色样片：
猫爪饰带（65页），猫爪花边（72页）

淡紫色样片：
弗利饰带（73页），弗利图形（62页）

深蓝色样片：
六角形框（97页）内含大菱形（66页），珠子图案（59页），复杂的网（56页），蜘蛛饰带（73页），蕾丝洞饰带（66页）

灰色样片：
猫爪饰带（65页），猫爪（77页）

框格设计

这是一个16针、24行、满花的六角形框。在六角形框中放置了各种图形和满花的图案。

从照片中可以看出，挂针、右上3针并1针、挂针形成了框格的垂直边，使框突显出来。一些图案如“蕾丝洞饰带”“复杂的网”等填满了孔洞形成的六角形框，而“大菱形”等在六角形框中构成了形状。“珠子饰带”“蜘蛛饰带”等则形成了两边是实心条纹的图案。

看一下相邻的框格，你会明白如果每个框中填入的都是“蕾丝洞饰带”或“复杂的网”，出来的效果是大量的洞，而没有图案。如果交替使用两种图案，效果会好看多了。同样，如果都选用珠子或蜘蛛饰带，看起来的效果是条纹状的。这也许是也许不是你想要的效果：对围巾来说不错，但不太适合正方形的披肩。

还有一点要注意，珠子和蜘蛛的图形乍一看很像。交替织这两种图案费力不讨好。

像这样编织样片来看效果是非常有用的方式，两边加几针，上下加几行，这幅样片就变成了可爱的壁挂。

用到的图案：

1 六角形框，97页

2 大菱形，66页

3 珠子饰带，63页

4 复杂的网，56页

5 蜘蛛饰带，73页

6 蕾丝洞饰带，66页

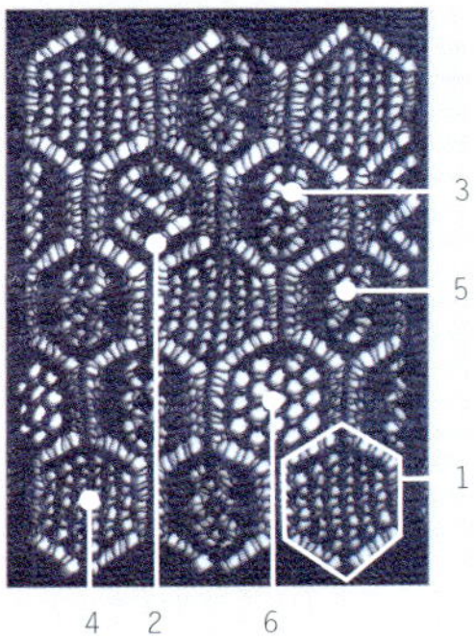

多种方式运用同一图形的设计

设得兰蕾丝最典型的特性之一就是多种方式运用简单的图形，产生不同的效果。通过调整重复图形之间的间隔，可以形成看起来差别很大的图案。

用到的图案：

1 猫爪饰带，65页

2 梯子，53页

3 猫爪花边，72页

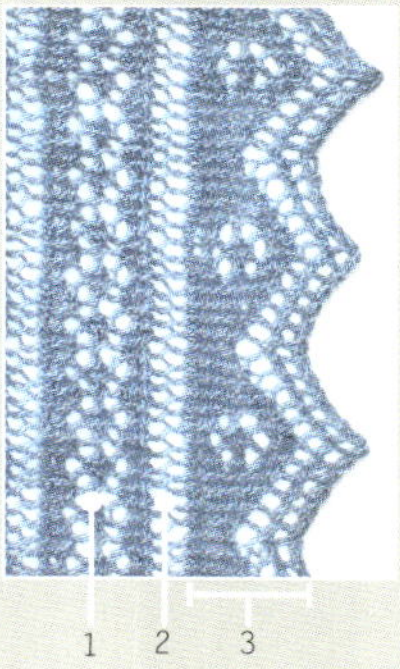

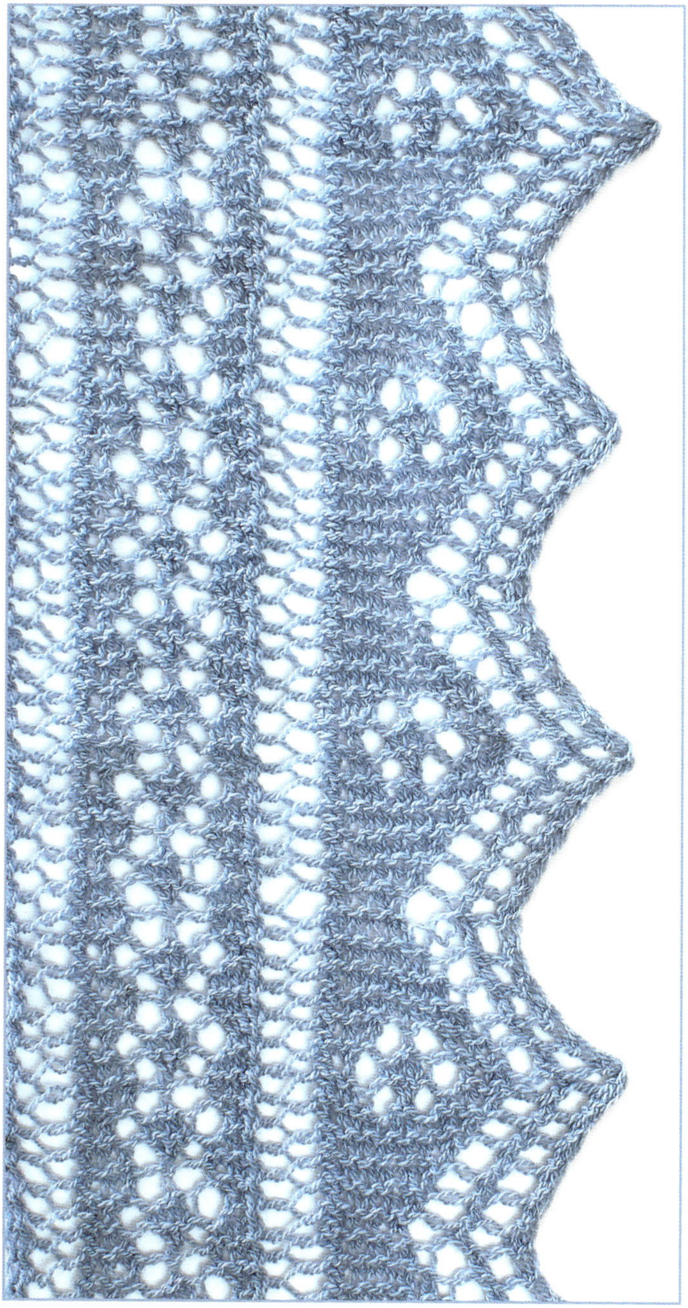

饰带和花边

这里把“猫爪花边”（72页）和“猫爪饰带”（65页）组合在了一起。在“猫爪饰带”的每边加入了“梯子”饰带，与蕾丝边的孔洞相呼应，同时把花边和饰带分开。在直边上加几针下针，就能织成漂亮的围巾。

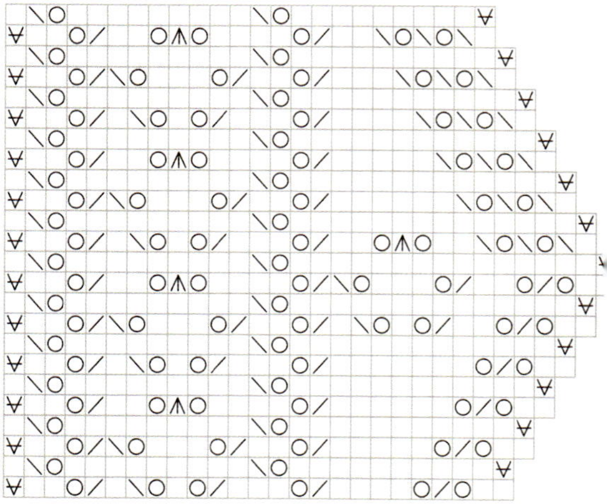

用到的图案：

1 猫爪，77页
2 猫爪饰带，65页

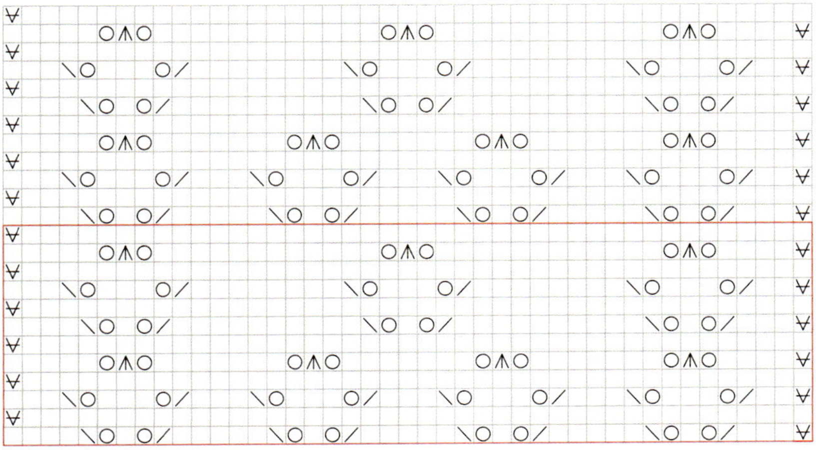

竖行与满花

这里把77页满花的“猫爪”两边加入了竖行的“猫爪饰带”，这样可以织成不错的披肩。另外，4个1组的猫爪图案可以用作披肩的边框。

女士披肩的设计

用细线时，孔洞周围一定要有足够的实心区域，这非常重要。但如果实心区域太大，织物通透的感觉就没了。在这个披肩中，边缘我想用“塞浦路斯花边”（89页）；之字形孔洞使“大菱形”（66页）成为完美的中心图案。我需要一个边框把它们分开，这需要简单的、与中心和边缘都不同的饰带。

因为花边和中心都是之字形线条，我希望边框是不同的形状。为了容易一些，我希望行的重复能相同，或乘以倍数后能相同。即主要的边框是4行或8行，两边的是2行或4行。“珠子饰带”（63页）是每4行重复一次的图案，每一行都有孔洞，它保持了通透的感觉，轮廓更圆润一些。一款简单的“裂缝1”(52页）把不同的部分分开了，也没有削弱主要的图案。

我想让对面的边上也重复同样的图案，因为这里包含收针针法，对面的镜像花边需要下移一行。

用到的图案：

1 塞浦路斯花边，89页

2 珠子饰带，63页

3 裂缝1，52页

4 大菱形，66页

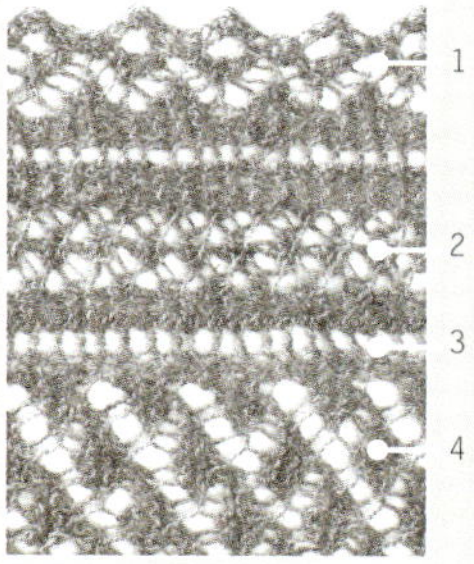

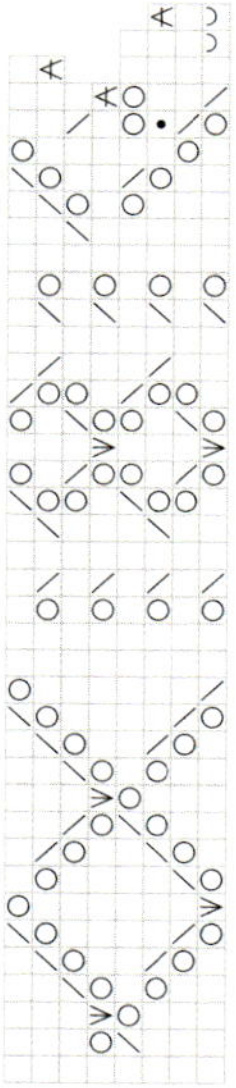

样片图谱

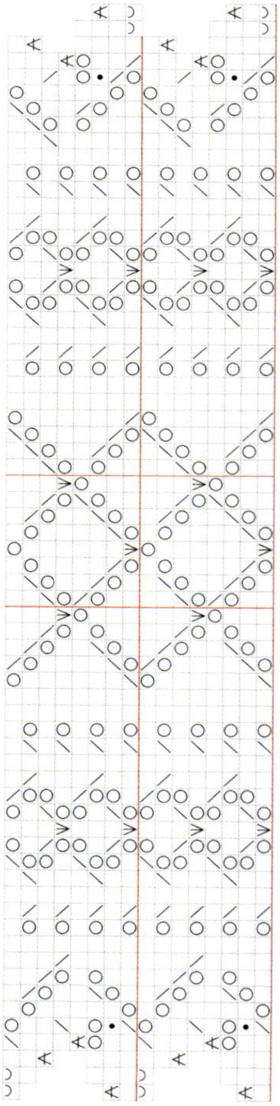

最终的图谱

围巾的设计

我想织一条围巾，两边有尖尖，沿着围巾是令人印象深刻的条纹。我想让饰带被“蕾丝洞”（54页）分开，但不知道间隔多大最好。“蕾丝洞”看起来是条状的，所以我想选“圆”一些的饰带来平衡一下，因此我选了“网眼饰带”（65页），但改变了一些，使所有的挂针都在奇数行。我采用了“范戴克花边”（61页），因为它的双挂针与“蕾丝洞”很协调。

我不知道把“蕾丝洞饰带”当作中心部分是否好看，或者是否织物看起来孔洞太多了。所以我依旧织了一个样片。从织好的样片中我看出选用的间距效果不错，“蕾丝洞饰带”却与“蕾丝洞”的梯子形状不匹配。因此，在作品中我没有这样用。

我定好了基本图形的摆放位置后，就需要把“范戴克花边”放到围巾的另一边。这涉及把图案往下移1行，所以我在1行的开始收了针；当相对的花边有收针的针法时，就需要这样织（如果正好是把针织在了一起的形状，就不用这样织了，例如124页的披肩）。最终的图谱可以做成任何宽度，只需变化“网眼饰带”和“蕾丝洞”重复的次数即可。

用到的图案：

1 蕾丝洞饰带，66页

2 蕾丝洞，54页

3 网眼饰带，65页

4 范戴克花边，61页

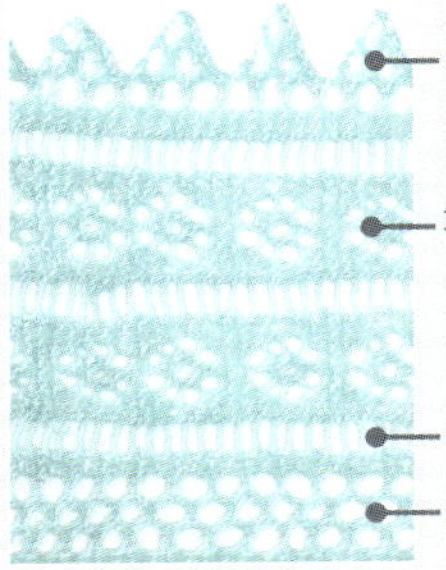

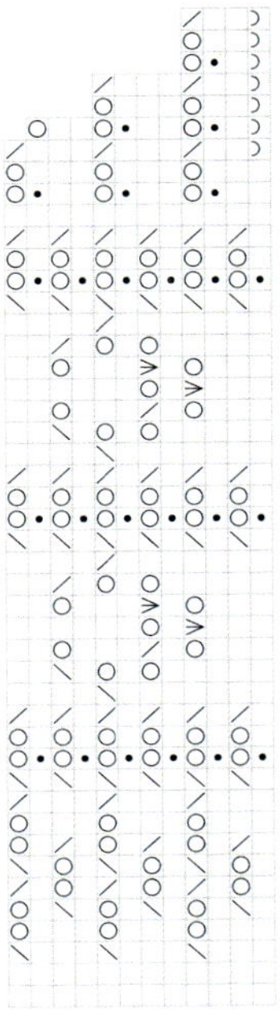

样片图谱

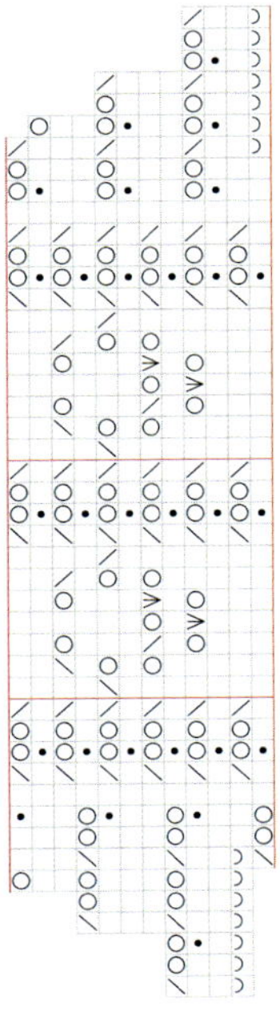

最终的图谱

洗礼服的设计

我想基于"弗利图形"(62页)设计一件洗礼服中的裙子。"弗利图形"是7针，3或4行重复1次（单个的图形是3行重复1次，但当成排用时，每个图形后面要织第4行的平针行）。我的想法是把图形以满花形式放在六角形框（97页）中。

开始先把3个弗利图形叠放在一起，再算出把它们环绕在其中的六角形框的形状，结果是12针、24行重复1次。

我加入了"猫爪花边"（72页），但省略了平针行，变为12行重复1次。这样就不够宽了，所以我在"弗利饰带"（73页）的直边上加了3针下针，这样就把孔洞图案间隔了一下，效果不错。

12行重复1次的花边，当在侧边织时，每次重复相对于主图案是6针，这与主图案的12针重复1次也是相配的。然后我把边增加了，每边增加了3针平针。

编织时，我先织花边，花边直边的第1针为上针方向滑1针，以便织主要部分时容易挑针。

用到的图案：

1 弗利图形，62页

2 六角形框，97页

3 弗利饰带，73页

4 猫爪花边，72页

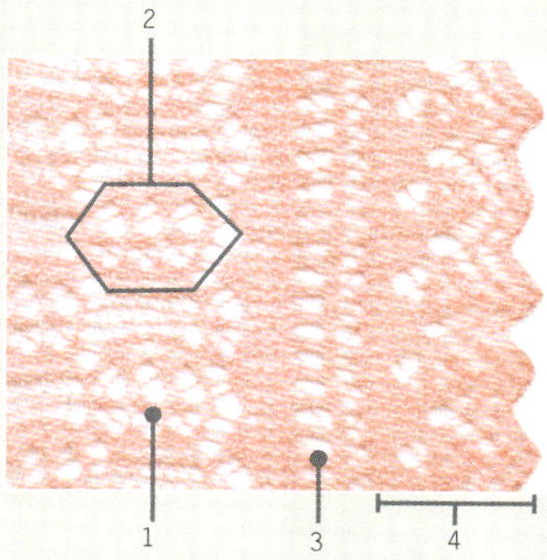

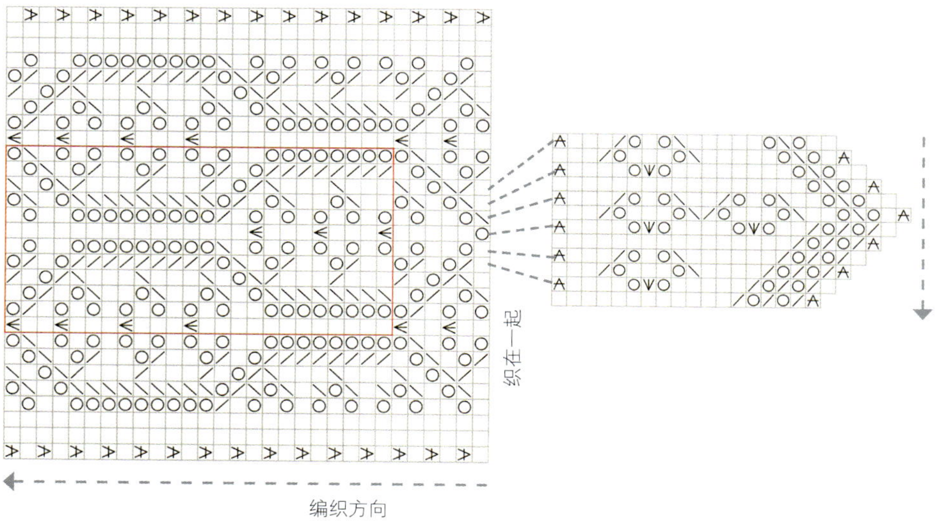

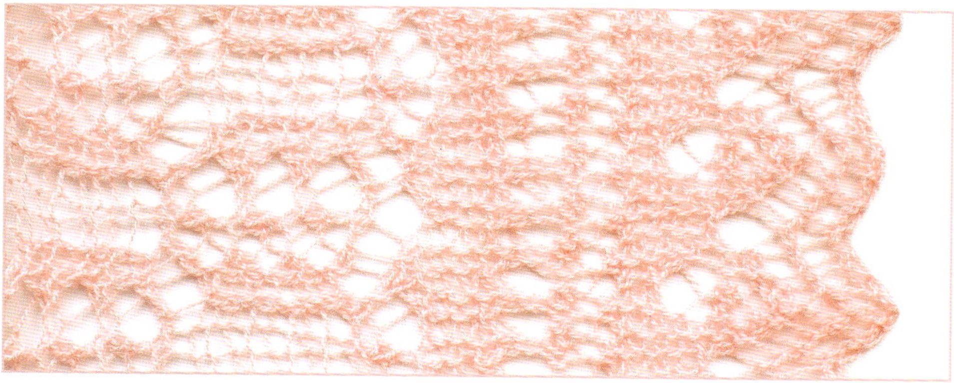

裹式披肩的设计

传统上，裹式披肩有一个简洁的中心图案，一个“老石头”（109页）边框，一个花边，花边通常是“传统的尖状花边”（106页）或“烙铁花边”（90页）。这里，我想把“亨特太太的图案”（57页）用作中心图案。

“亨特太太的图案”是4针、4行的图案，但是，与大多设得兰蕾丝不同，没有出现2行相当于1针的密度。另外，“老石头”边框是18针重复1次，使得计算有些麻烦。

其他需要考虑的因素是披肩有4个90°的角。如果一个边框比7.5cm宽，为了能放平整，要么在角处斜接，边织边加针；要么在开始之前在角上加额外的针。

我是这样做的：我织了中心图案，从起针边挑起同样的针数。接着算出要重复多少次“老石头”，然后剩下多少针。接下来要算出在每边端头要加多少针，像织第1行的挂针一样编织。

最后的问题是算出花边重复的次数。“传统的尖状花边”是10行重复1次，“烙铁花边”是12行。这就意味着每重复一次对应着边框的5针和6针。因为边框是18针重复一次，即6×3，“烙铁花边”就不需要进一步的计算了，但是“传统的尖状花边”却需要。可以在角上进行处理。如果算出来不行，要多加一次重复而不是减少。通过在花边的偶数行末织1针下针，“省略”从边框上减1针，不要把最后1针与边框的头1针织在一起。

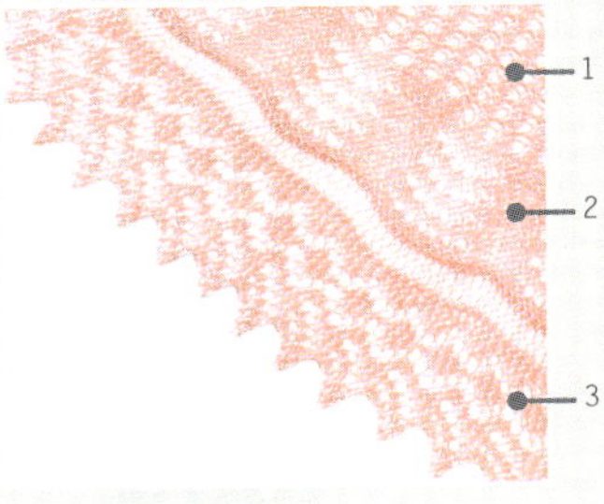

用到的图案：

1 亨特太太的图案，57页

2 老石头，109页

3 传统的尖状花边，106页

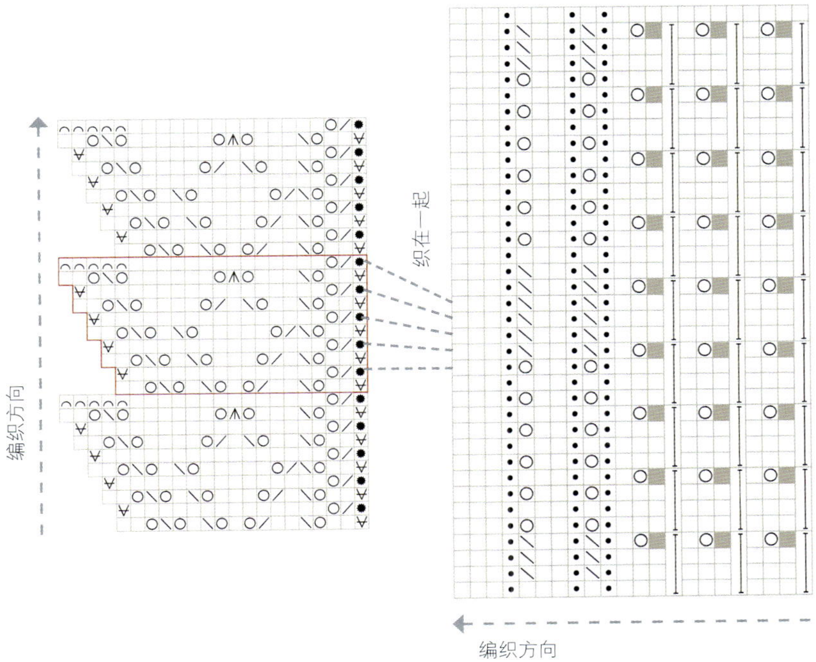

针法图典

针法图典开始的部分是针法选择索引，一排一排展示了所有的针法。通过翻阅可以启发灵感，或快速查找想要的针法。分有四个类别：饰带，图形，满花和花边，可以根据用途选择。针法图典本身是由行数和针数构成的，包括照片、图谱、编织步骤的文字说明，以及一些搭配建议。

针法选择索引

针法选择索引一排一排展示了所有针法的局部图案，通过翻阅可以启发灵感，或快速查找想要的针法。

满花

柴捆 53

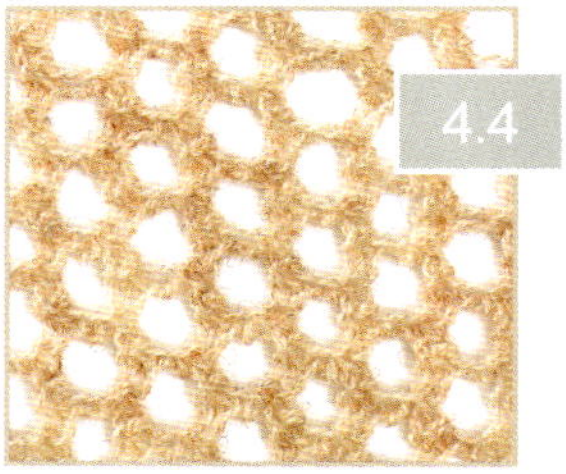

猫眼 55

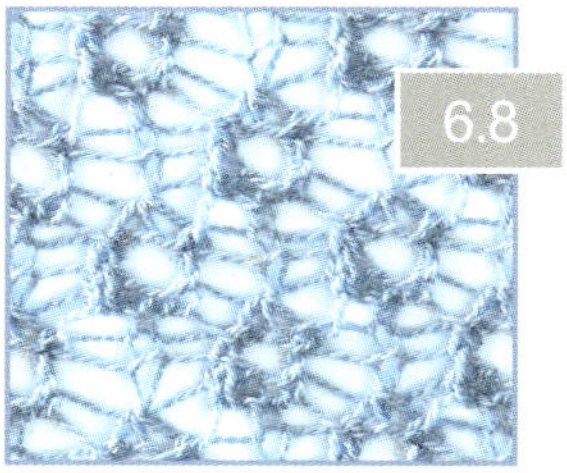

鸟的眼睛 59

小菱形 60

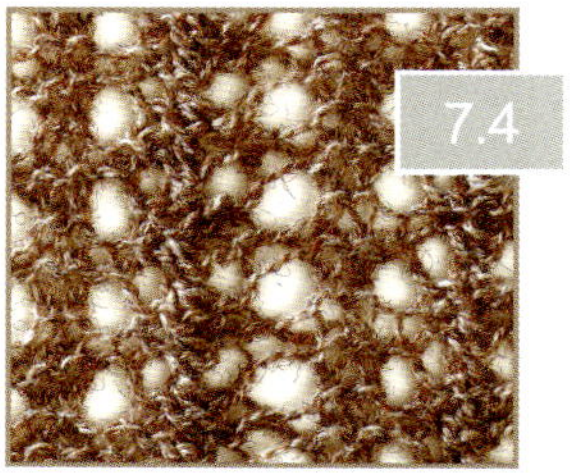

拱桥 63

大菱形 66

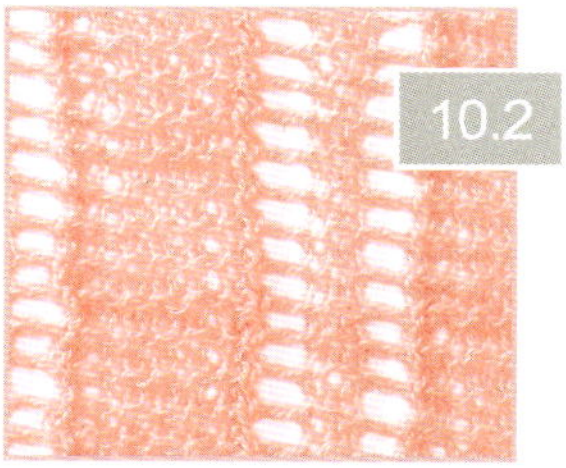

阿卡 75

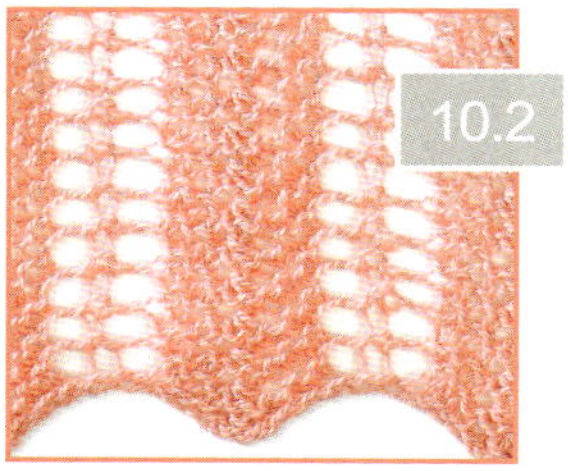

新贝壳 75

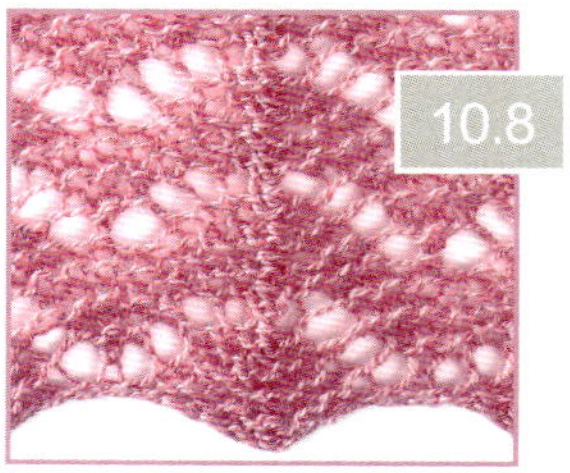

马蹄 76

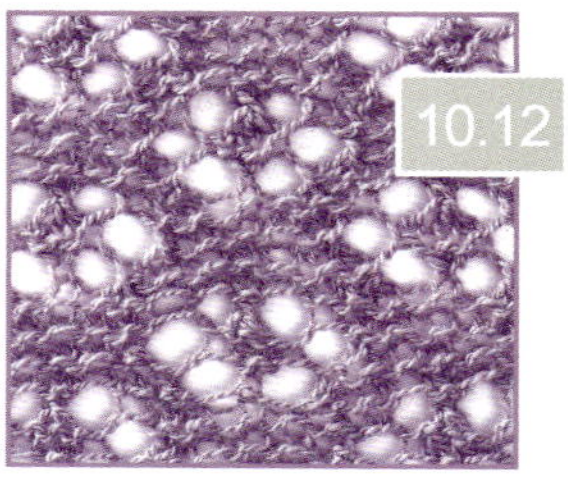

猫爪 77

松果 83

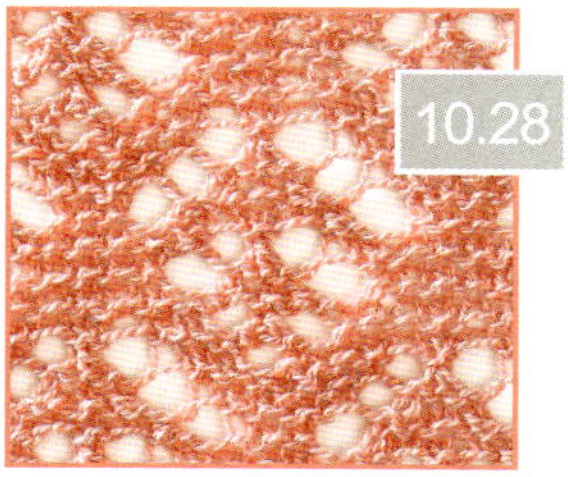

马德拉 84

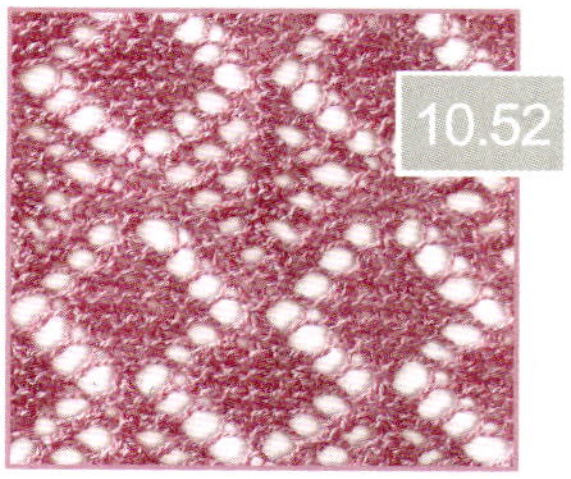

马德拉和菱形 85

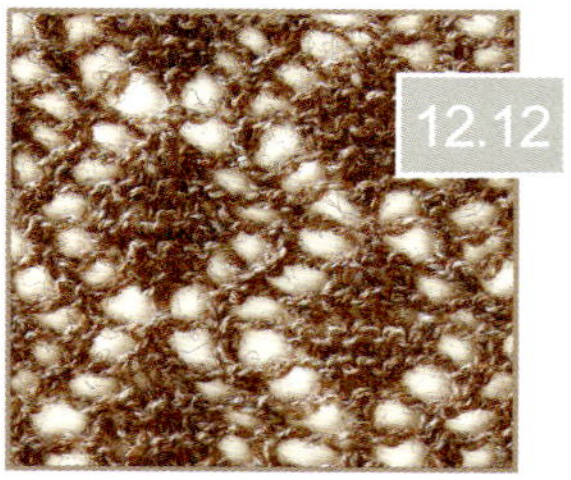

菱形格 91

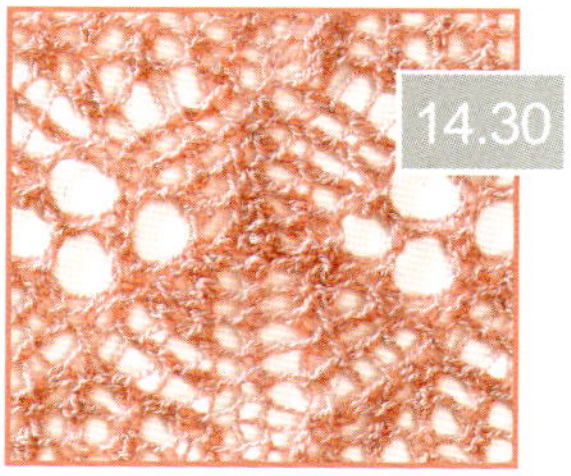

迷惑 101

蒙塔古夫人的图案 105

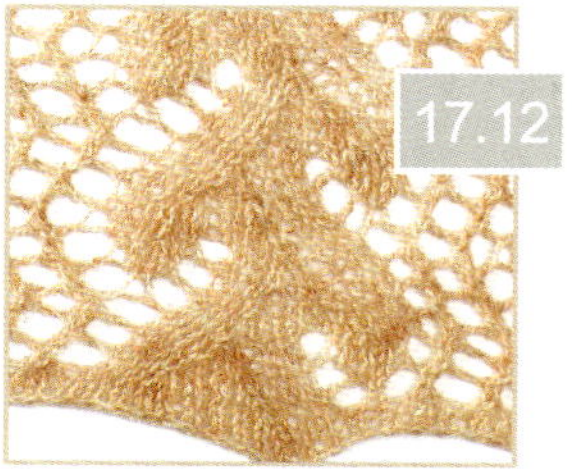

波痕 107

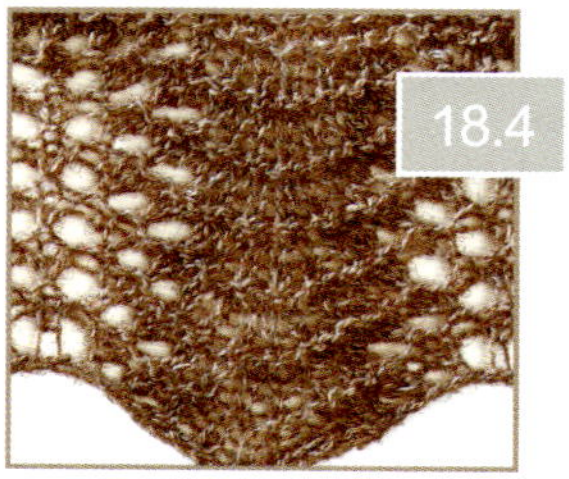

老石头 109

复杂的网 56

亨特太太的图案 57

竹蛏 58

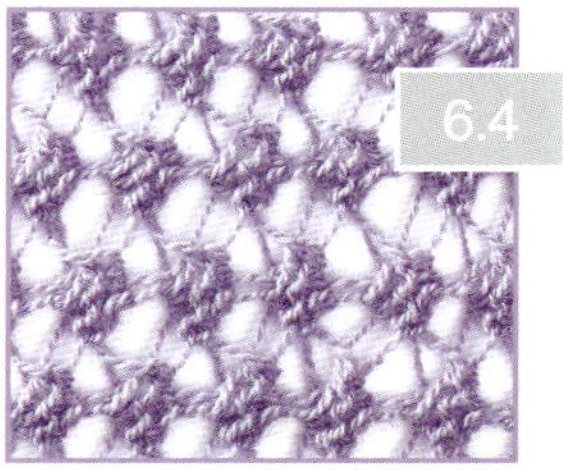

珠子图案 59

微型树叶 67

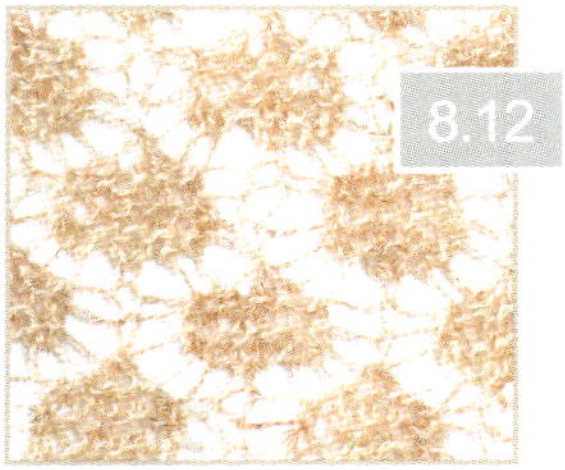

小六角形 68

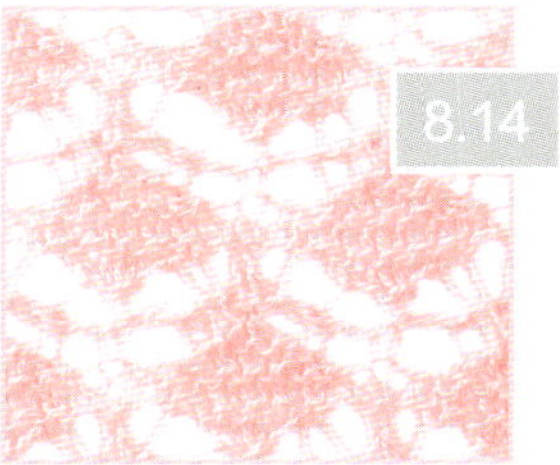

人字形 70

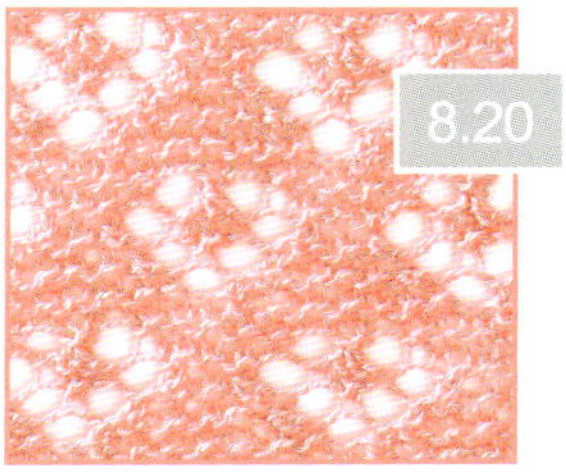

草莓 71

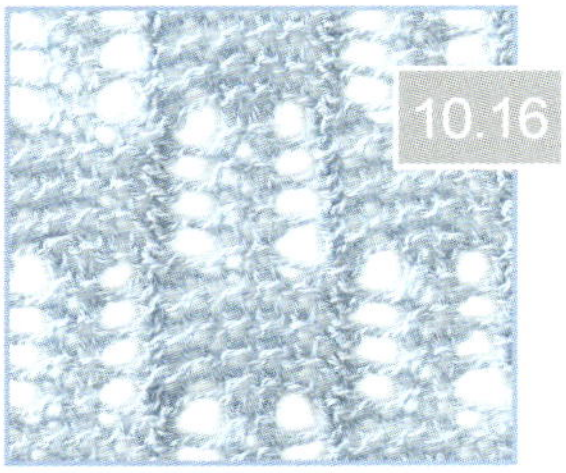

断开的阿卡 78

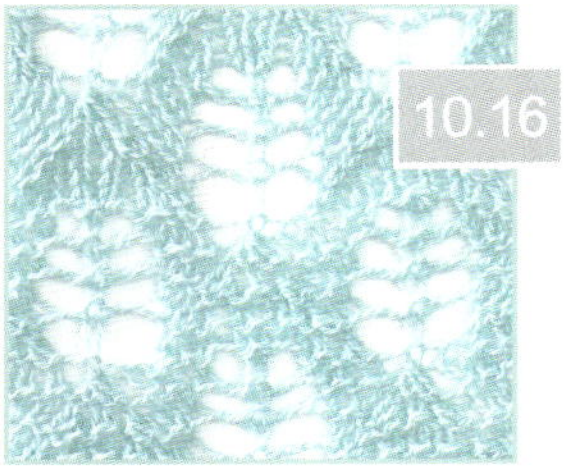

烛光 79

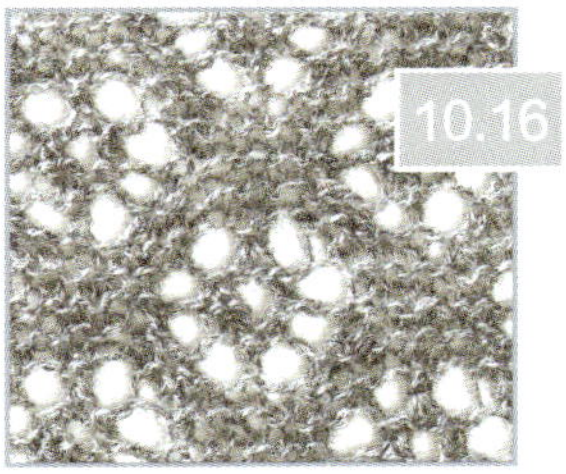

玫瑰花蕾网眼 80

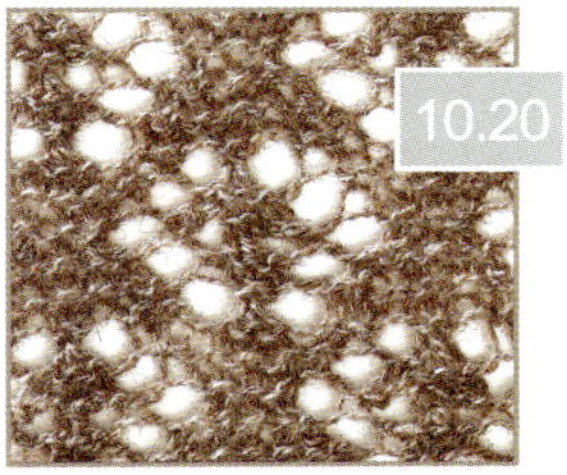

菱形点 82

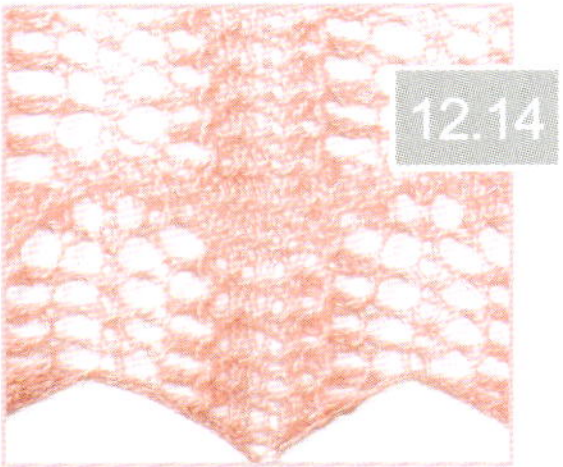

波峰 92

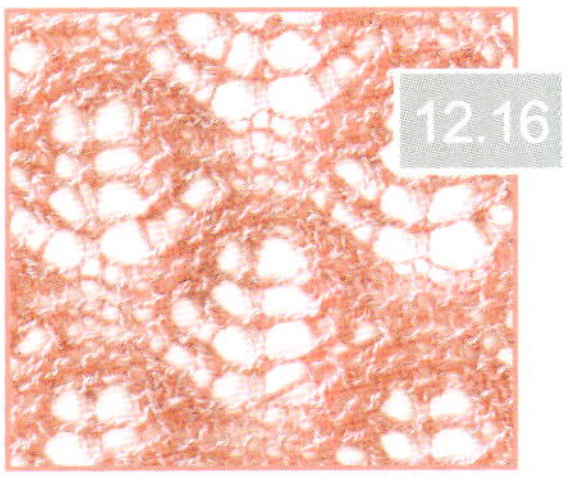

小树 93

蕨草 96

羽毛和扇子 99

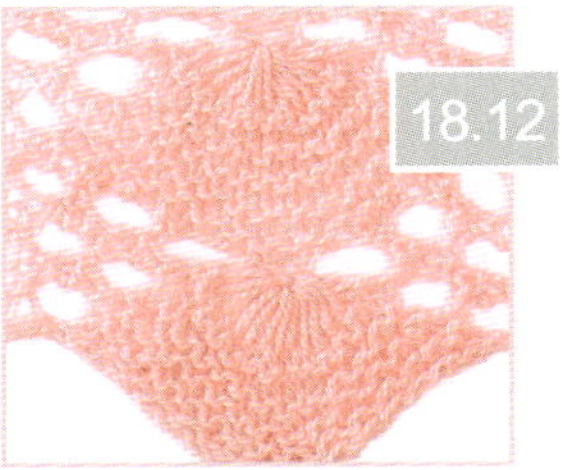

海扇 110

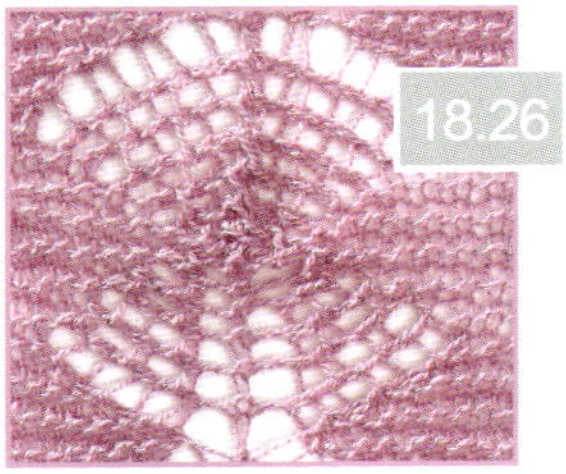

蜘蛛网 111

马德拉瀑布 114

有玫瑰束的玫瑰菱形框 115

饰带

裂缝1 52

裂缝2 52

裂缝3 52

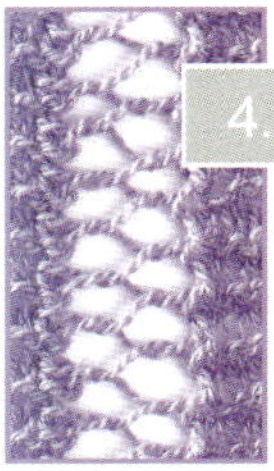

梯子 53

蕾丝洞 54

珠子饰带 63

猫爪饰带 65

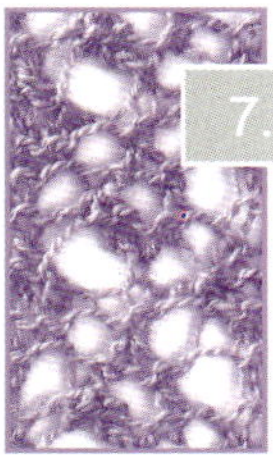

网眼饰带 65

蕾丝洞饰带 66

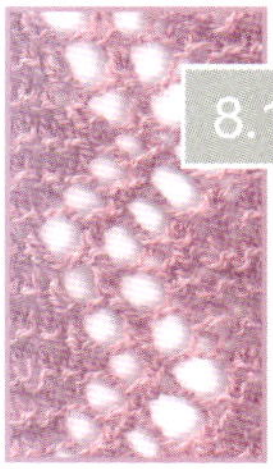

Z字形饰带 69

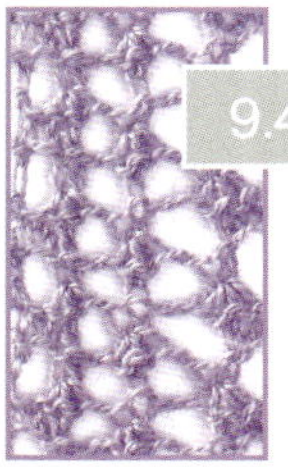

复杂的网饰带 72

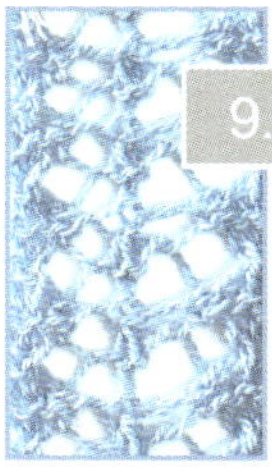

弗利饰带 73

蜘蛛饰带 73

花边

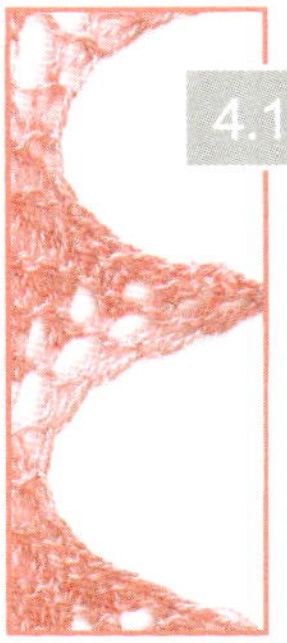

小三角花边 58

范戴克花边 61

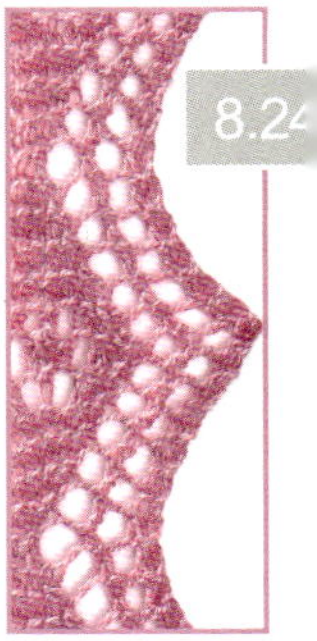

猫爪花边 7

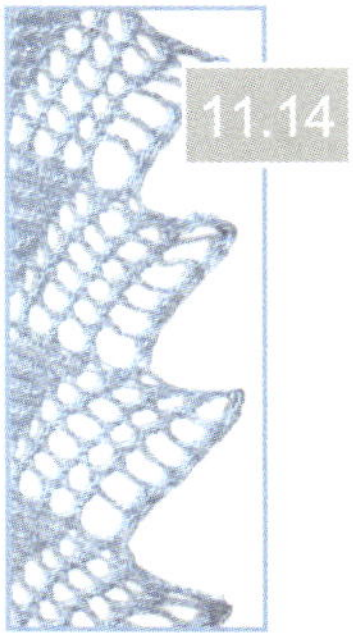

烤包花边 86

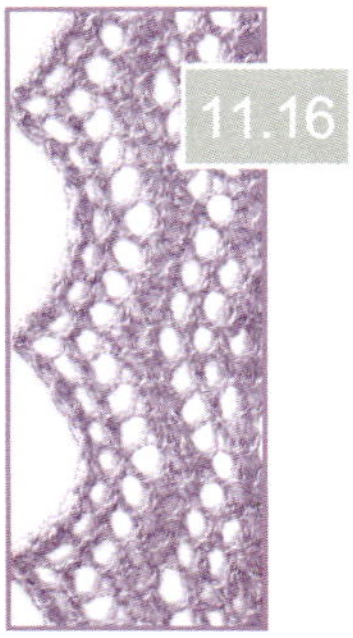

波浪花边 87

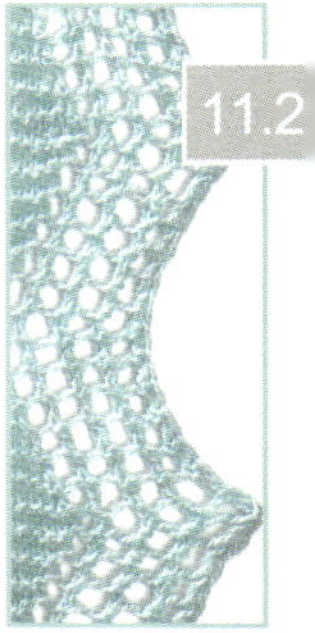

简单的范戴克 8

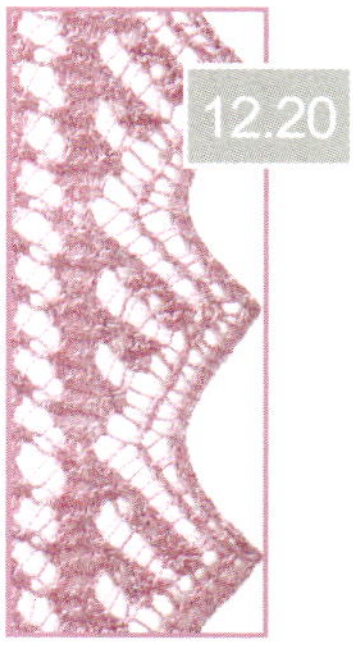

女王的花边 94

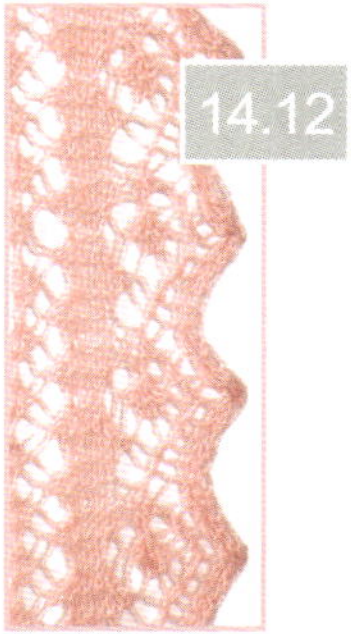

先生的花边 100

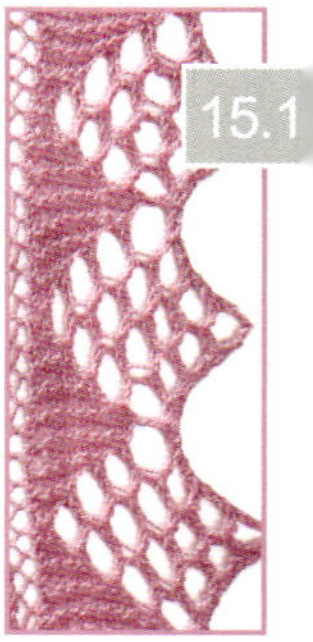

滴状花边 10

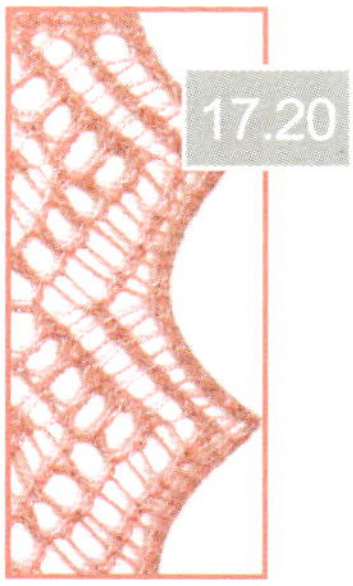

珠子和蕾丝洞花边 108

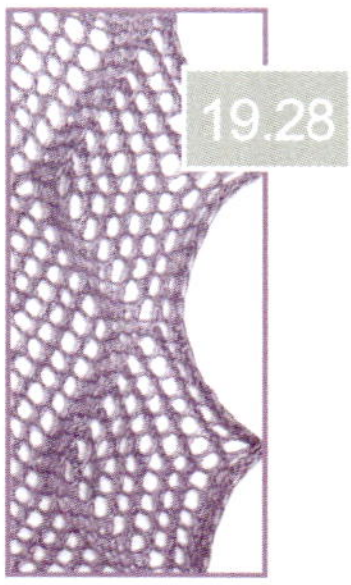

传统的大扇形花边 112

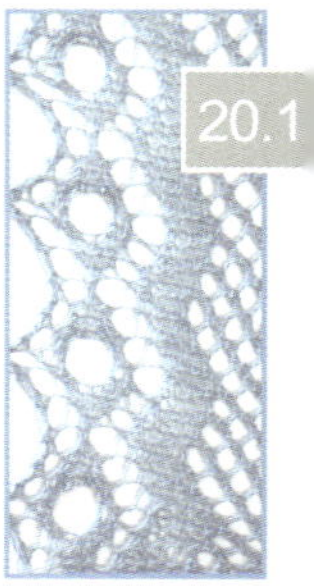

爱尔兰或伊莱恩花边 11

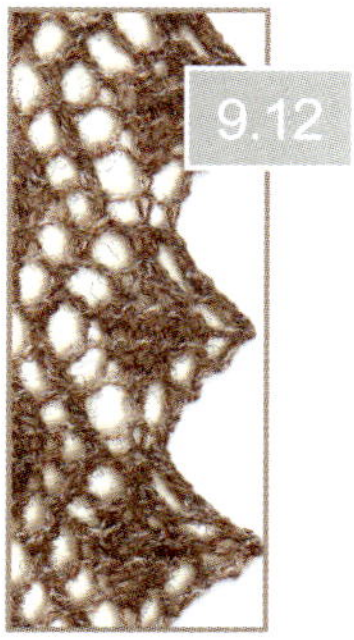

多丽丝花边 74

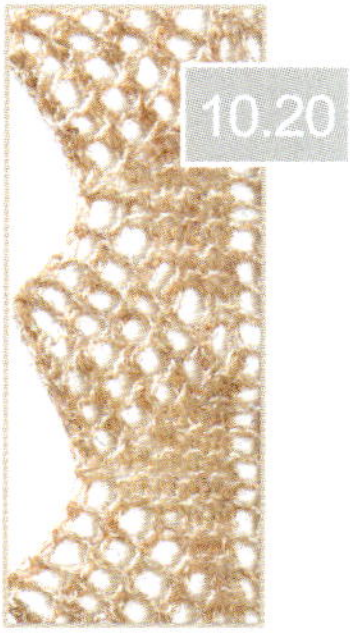

传统的扇形花边 81

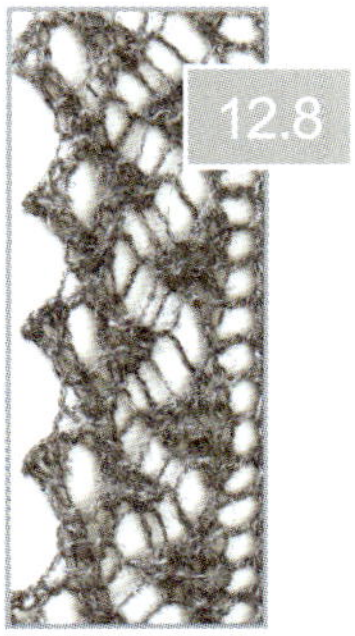

塞浦路斯花边 89

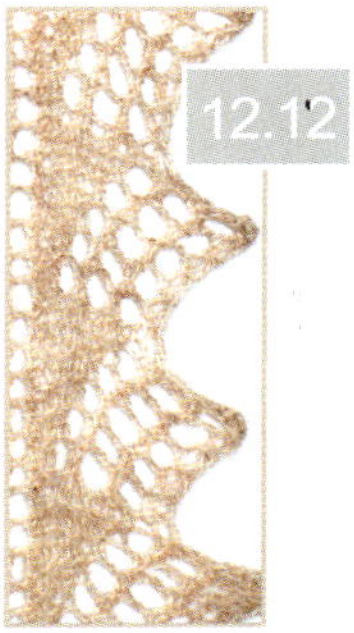

烙铁花边 90

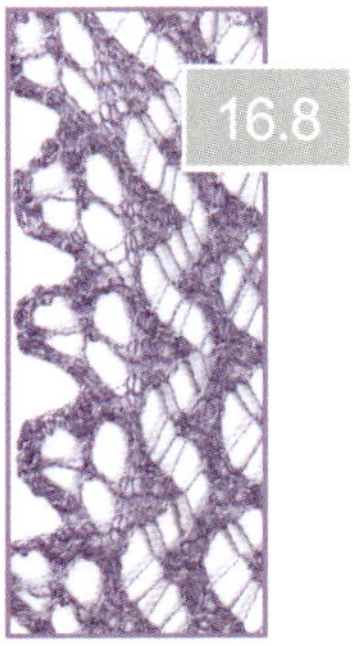

维多利亚Z字形花边 103

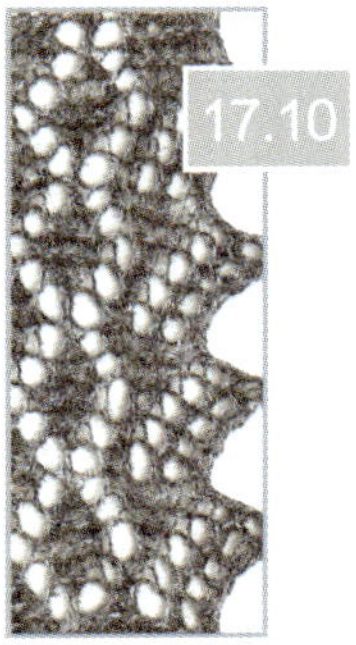

传统的尖状花边 106

扇形花边 116

玛格丽特的花边 117

图形

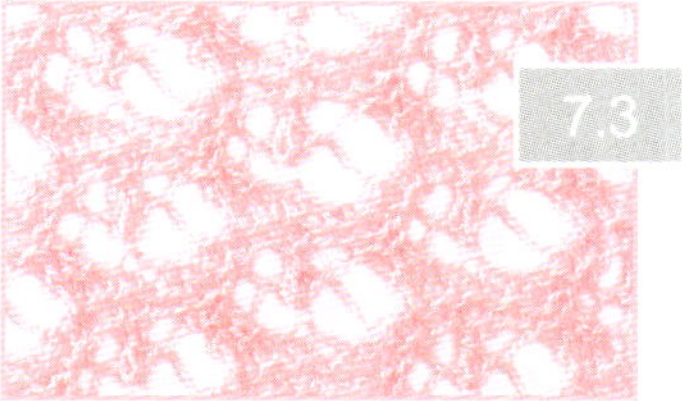

弗利图形 62

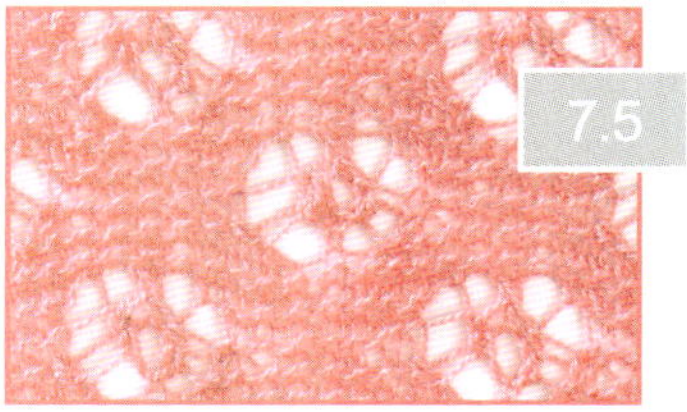

蜘蛛图形 64

复杂的网图形 74

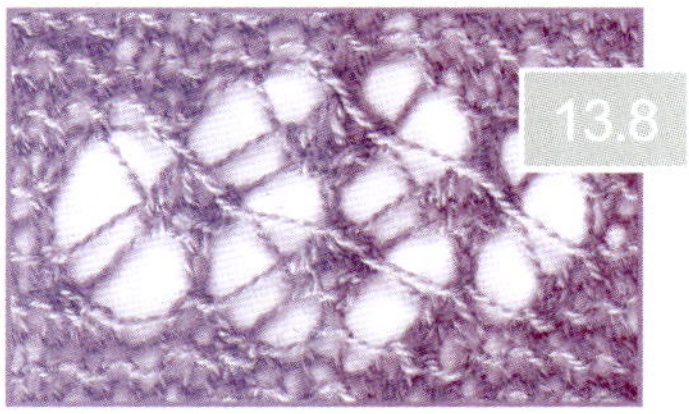

珠子堆 95

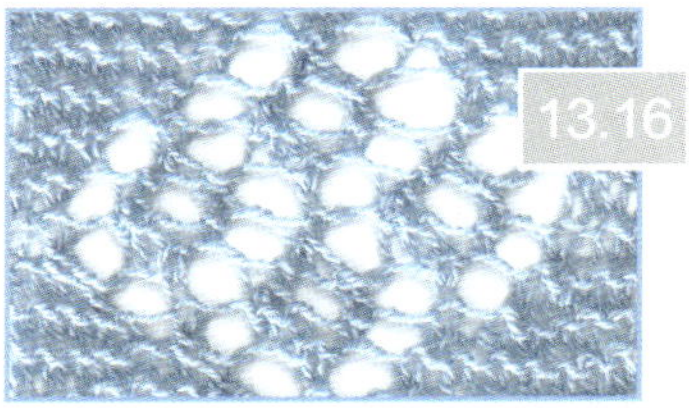

玫瑰束 95

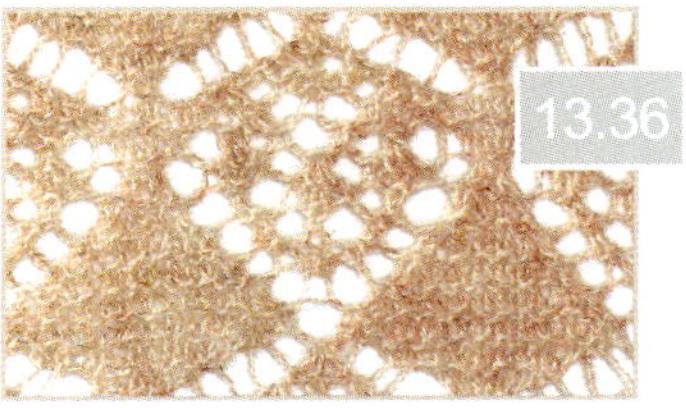

花瓶 98

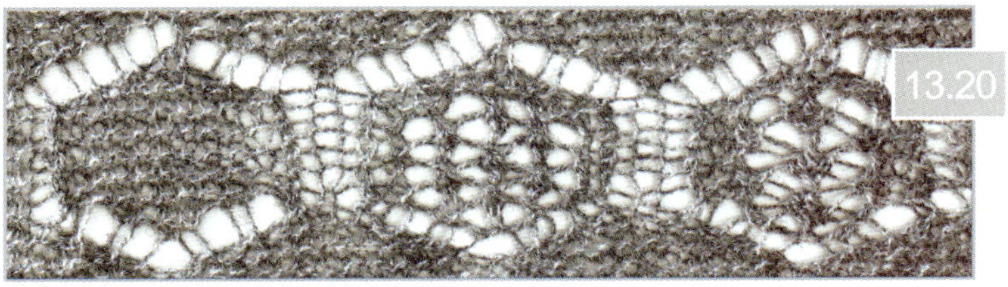

六角形框及其哥哥妹妹 97

蕾丝洞 103

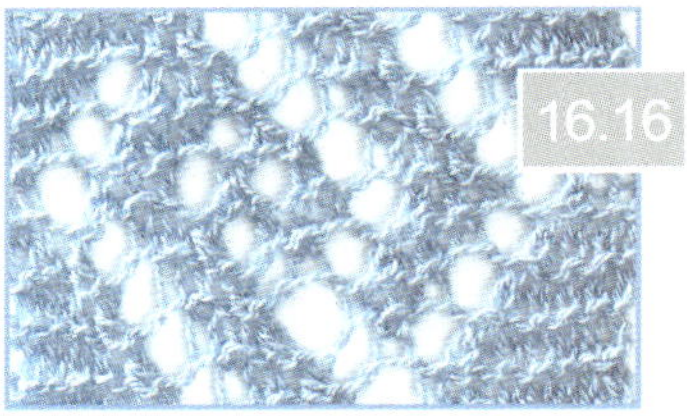

蕾丝绳 104

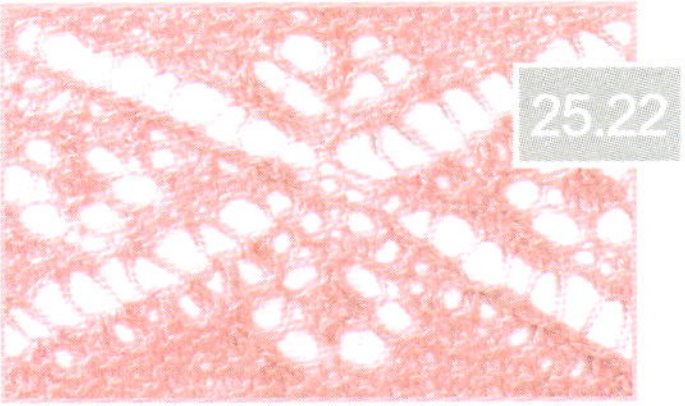

圣安德鲁十字 118

树 119

2.2

专心度 1

裂缝1

▶ 饰带

在设得兰蕾丝中，一条裂缝是一排洞。有几种变形。

编织方法

第1行： 左上2针并1针，挂针

第2行： 全下针

2.2

专心度 1

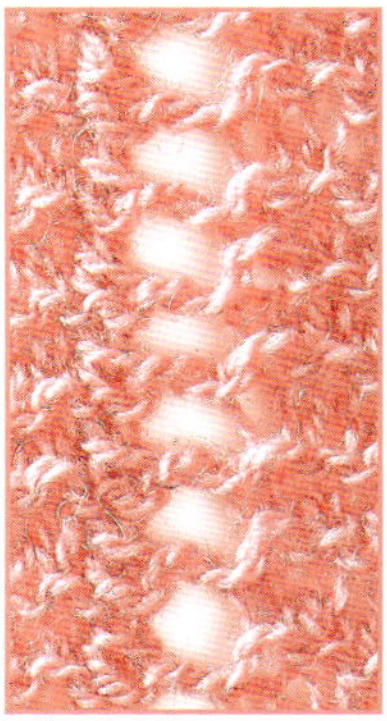

裂缝2

▶ 饰带

裂缝常常用于显出其他图案的轮廓或者与更大的插入部分或花边分隔开。

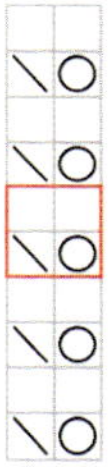

编织方法

第1行： 挂针，滑针右上2针并1针

第2行： 全下针

2.2

专心度 1

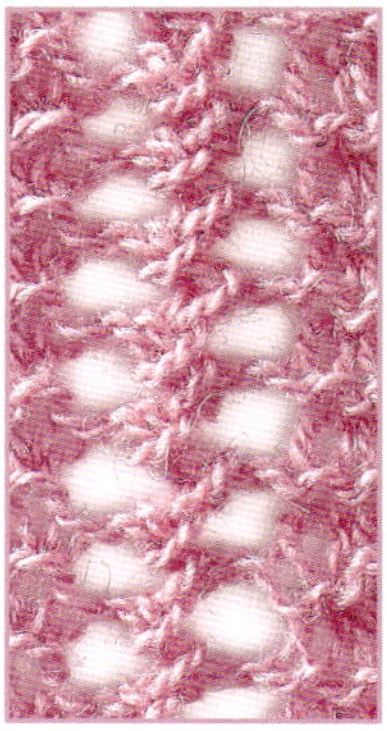

裂缝3

▶ 饰带

这款裂缝两排都一样。

编织方法

第1行： 左上2针并1针，挂针

第2行： 左上2针并1针，挂针

专心度 1

梯子

▶ 饰带

尽管每一行都有挂针，但很容易织，并且与图案中的其他元素很清楚地分隔开了。注意编织方法中两排的织法都一样。

编织方法

第1行： 2针下，挂针，滑针右上2针并1针

第2行： 2针下，挂针，滑针右上2针并1针

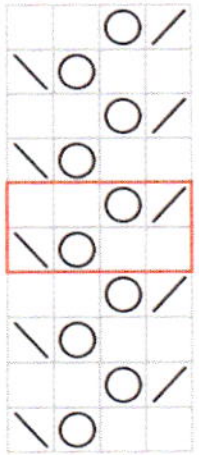

4.2

+1

专心度 2

柴捆

▶ 满花

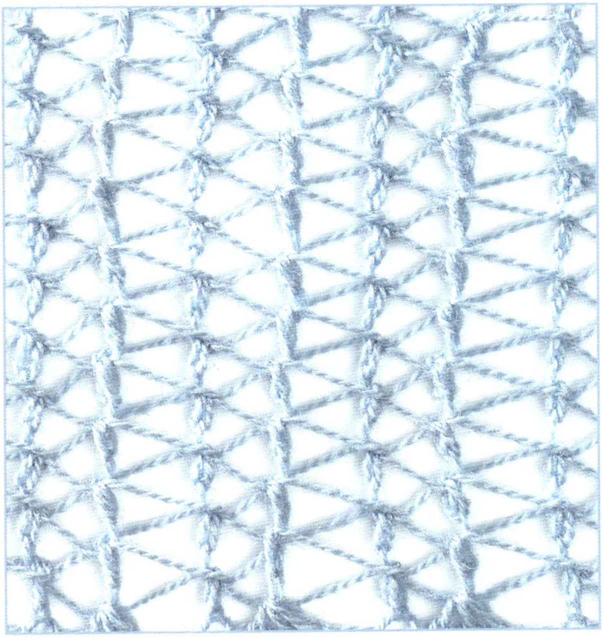

这个图案是“复杂的网”（56页）去掉平针行形成的。也可以作为饰带使用。

编织方法

第1行： 1针下，*挂针，右上3针并1针，挂针，1针下。从 * 重复至行末

第2行： 左上2针并1针，挂针，1针下，*挂针，右上3针并1针，挂针，1针下。从 * 重复至剩余2针，挂针，滑针右上2针并1针

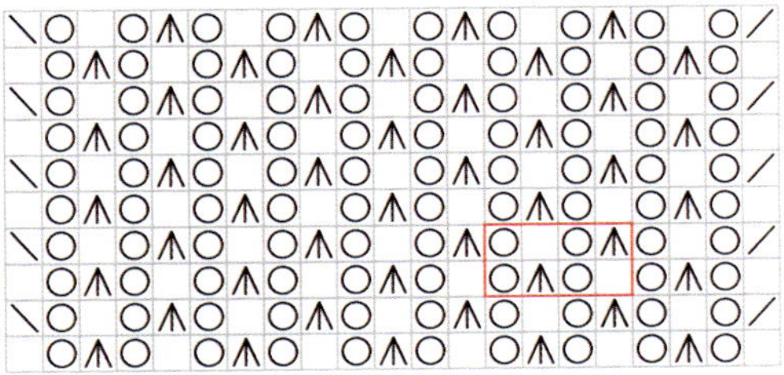

搭配展示（从上向下）：
范戴克花边，61页
蕾丝洞，54页
网眼饰带，65页

了解更多的图案搭配，可参见43页。

蕾丝洞

▶ 饰带*

这款简单的图案能以多种方式来用。双挂针形成了一个可以在需要的方向上延伸的大洞。注意在第2行，第2个挂针上通常织上针，这样形成的洞更整齐。如果觉得2个挂针形成的洞太大，只织1个挂针——记得在拐回来的行上，在这一个洞中织1个下针和1个上针。在样片中，从右边那一列开始，织法是：左上2针并1针，挂针，滑针右上2针并1针；接着在回来的行中织1针下，在同一个线圈中织1针下、1针上，1针下。

编织方法

第1行： 左上2针并1针, 挂针, 挂针, 滑针右上2针并1针
第2行： 2针下, 1针上, 1针下

*与66页的饰带、103页的图形、108页的花边有相同的特点。

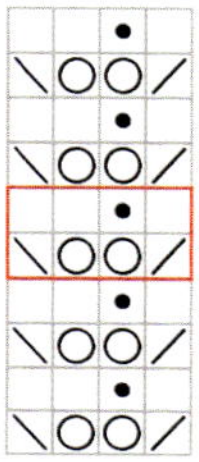

猫眼

▶ 满花

这是另一款不太困难的图案，但需要在行数上非常专心。它用于披肩的中心，也可用作披肩的边框。注意，两行之间针数是不同的，每次在第2个挂针处织上针。同样要注意的是反面比正面要光滑一些。

编织方法

第1行： 3针下, *挂针, 挂针, 4针下。从 * 重复至剩余3针, 挂针, 挂针, 3针下

第2行： 1针下, *滑针右上2针并1针, 1针下, 1针上, 滑针右上2针并1针。从 * 重复至剩余1针, 1针下

第3行： 1针下, *挂针, 4针下, 挂针。从 * 重复至剩余1针, 1针下

第4行： 2针下, *滑针右上2针并1针, 滑针右上2针并1针, 1针下, 1针上。从 * 重复至剩余6针, 滑针右上2针并1针, 滑针右上2针并1针, 2针下

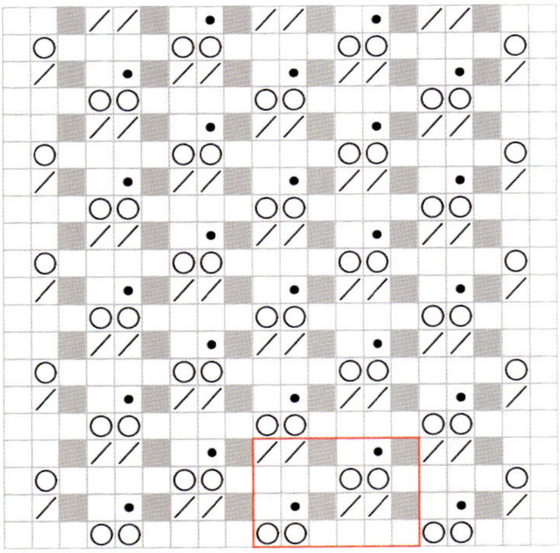

反面

反面

复杂的网

▶ 满花*

这个由一小组针法组成的图案很有用，有很多应用的方式：形成线条，显示形状，或用作边框。在全下针的背景下用粗线织的效果也不错。注意，反面比正面要光滑一些。

编织方法

第1行： 1针下，*挂针，右上3针并1针，挂针，1针下。从 * 重复至行末

第2行： 全下针

第3行： 左上2针并1针，挂针，*1针下，挂针，右上3针并1针，挂针。从 * 重复至剩余3针，1针下，挂针，滑针右上2针并1针

第4行： 全下针

*与72页的饰带、74页的图形有相同的特点。

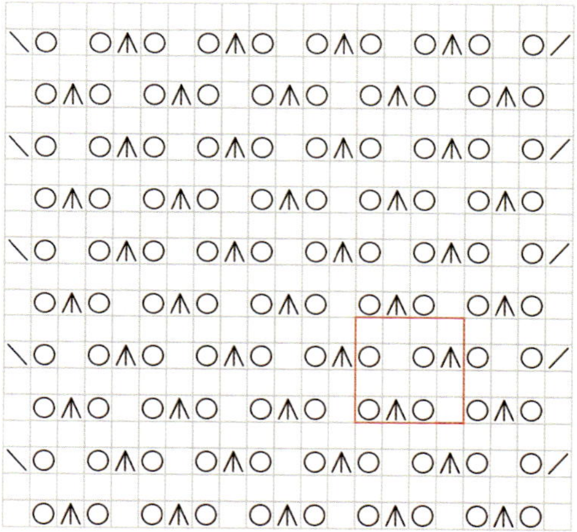

亨特太太的图案

▶ 满花

这个不太寻常的图案有一定的弹性，可以用任何粗细的线织成婴儿毯。注意，两行之间针数是不同的。

编织方法

第1行： 1针下，*上针方向滑1针，3针下，滑针套过左侧针。从 * 重复至剩余1针，1针下

第2行： 全下针

第3行： 1针下，*挂针，3针下。从 * 重复至剩余1针，1针下

第4行： 全下针

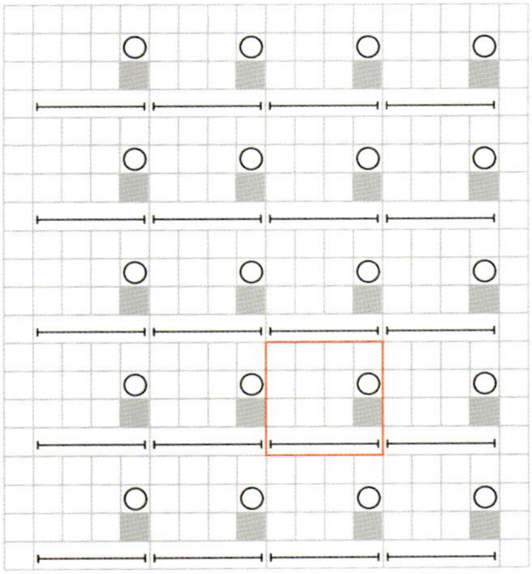

搭配展示（从上向下）：
传统的尖状花边，106页
老石头，109页
亨特太太的图案，57页

了解更多的图案搭配，可参见45页。

4.12

专心度 1

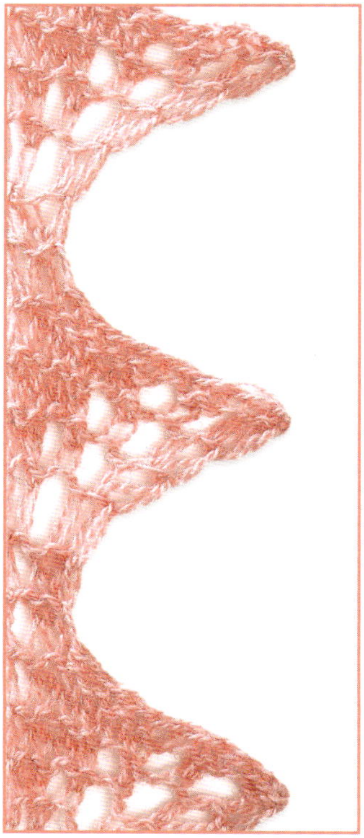

小三角花边

▶ 花边

这是一款有尖角的灵巧的花边。做小件织物的边效果最好。也可以加入饰带变宽一些。

编织方法

第1行： 上针方向滑1针，3针下

第2行及所有交替行： 上针方向滑1针，下针织到行末

第3行： 上针方向滑1针，[1针下，挂针] 2次，1针下

第5行： 上针方向滑1针，[1针下，挂针] 2次，3针下

第7行： 上针方向滑1针，[1针下，挂针] 2次，5针下

第9行： 上针方向滑1针，[1针下，挂针] 2次，7针下

第11行： 收8针，下针织到行末

第12行： 同第2行

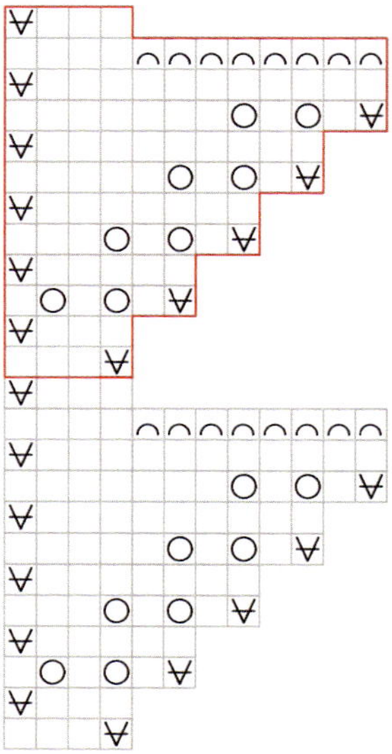

显示为原大的70%

6.2

+1

专心度 1

竹蛏

▶ 满花

这款小图案可以用作满花，或用单独的一列把不同的图案分开。底边形成了小扇形。

编织方法

第1行： *1针下，挂针，1针下，右上3针并1针，1针下，挂针。从 * 重复至剩余1针，1针下

第2行： 全下针

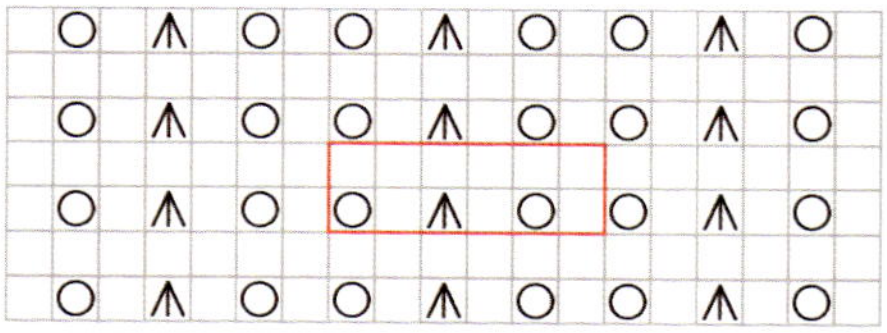

专心度 2

6.4
+1

珠子图案

▶ 满花*

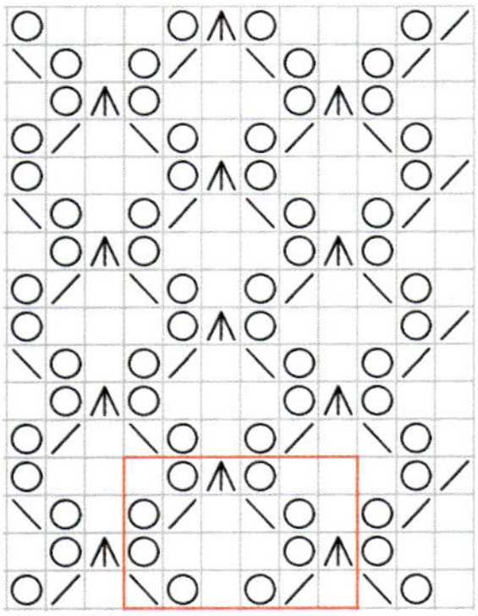

尽管这个古老的图案的每一行都有挂针，不过织的时候，所有奇数行的基本编织方法都相同，偶数行有另一套方法。

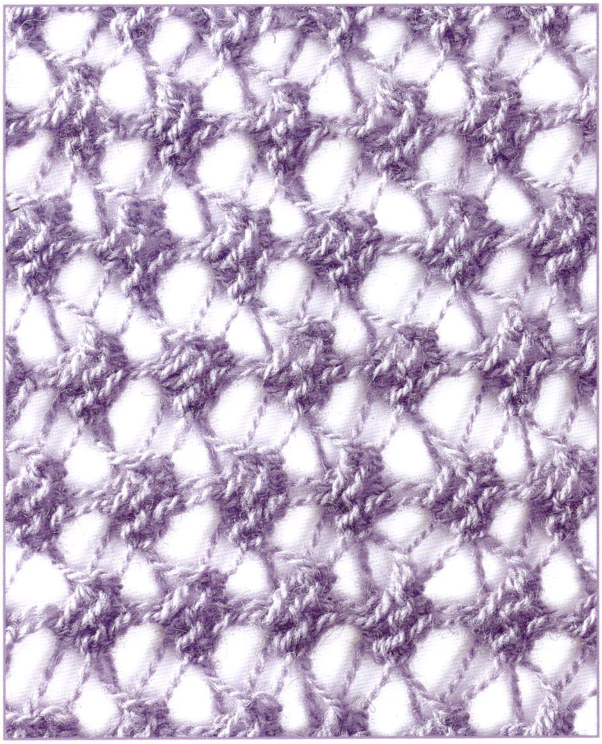

编织方法

第1行： *1针下，挂针，滑针右上2针并1针，1针下，左上2针并1针，挂针。从 * 重复至剩余1针，1针下

第2行： *2针下，挂针，右上3针并1针，挂针，1针下。从 * 重复至剩余1针，1针下

第3行： *1针下，左上2针并1针，挂针，1针下，挂针，滑针右上2针并1针。从 * 重复至剩余1针，1针下

第4行： 左上2针并1针，挂针，*3针下，挂针，右上3针并1针，挂针。从 * 重复至剩余5针，3针下，挂针，滑针右上2针并1针

*与63页的饰带、95页的图形、108页的花边有相同的特点。

专心度 3

6.8
+1

鸟的眼睛

▶ 满花

这款老图案需要特别集中精力。用细线织效果最好。不过只要注意行数，织起来也不难。

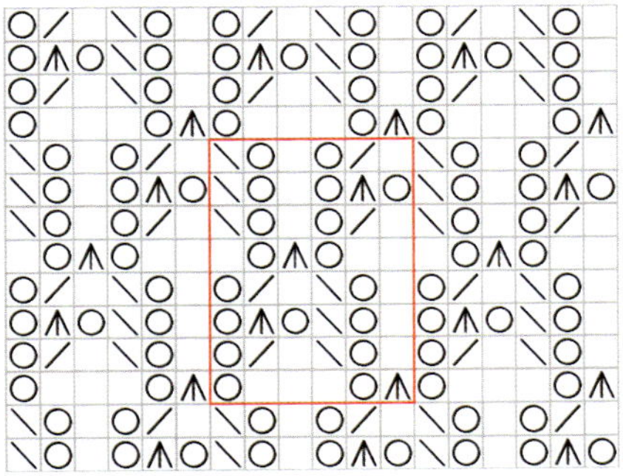

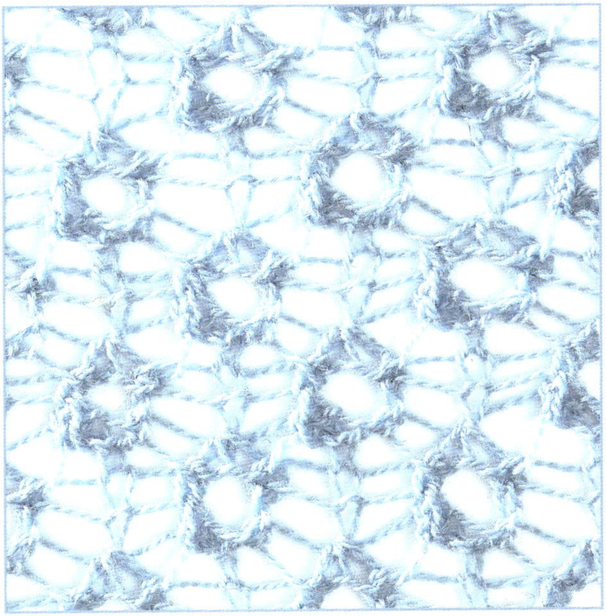

小菱形

▶ 满花

这是另一款简单而实用的老图案。菱形的尺寸可以根据需要改变。

编织方法

第1行： *左上2针并1针，挂针，4针下。从 * 重复至剩余3针，左上2针并1针，挂针，1针下

第2行及所有交替行： 全下针

第3行： 2针下，*挂针，滑针右上2针并1针，1针下，左上2针并1针，挂针，1针下。从 * 重复至剩余1针，1针下

第5行： *3针下，挂针，右上3针并1针，挂针。从 * 重复至剩余3针，3针下

第7行： *3针下，左上2针并1针，挂针，1针下。从 * 重复至剩余3针，3针下

第9行： 2针下，*左上2针并1针，挂针，1针下，挂针，滑针右上2针并1针，1针下。从 * 重复至剩余1针，1针下

第11行： 1针下，左上2针并1针，挂针，3针下，*挂针，右上3针并1针，挂针，3针下。从 * 重复至剩余3针，挂针，滑针右上2针并1针，1针下

第12行： 全下针

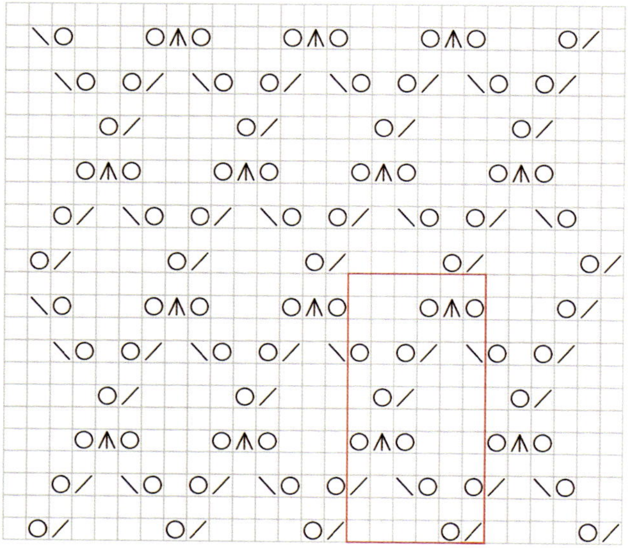

范戴克花边

▶ 花边

这款花边需要集中一下精力学习，不过一旦开始，你就会看到孔洞在外边缘形成的尖角的形状。梯子饰带构成了整体图案的一部分。注意第2行是以挂针开头，一对挂针的第2针上要织上针。

编织方法

第1行： 2针下，挂针，滑针右上2针并1针，挂针，挂针，滑针右上2针并1针

第2行： 挂针，2针下，1针上，2针下，挂针，滑针右上2针并1针

第3行： 2针下，挂针，滑针右上2针并1针，4针下

第4行： 6针下，挂针，滑针右上2针并1针

第5行： 2针下，挂针，滑针右上2针并1针，[挂针，挂针，滑针右上2针并1针] 2次

第6行： [2针下，1针上] 2次，2针下，挂针，滑针右上2针并1针

第7行： 2针下，挂针，滑针右上2针并1针，6针下

第8行： 8针下，挂针，滑针右上2针并1针

第9行： 2针下，挂针，滑针右上2针并1针，[挂针，挂针，滑针右上2针并1针] 3次

第10行： [2针下，1针上] 3次，2针下，挂针，滑针右上2针并1针

第11行： 2针下，挂针，滑针右上2针并1针，9针下

第12行： 收7针，4针下，挂针，滑针右上2针并1针

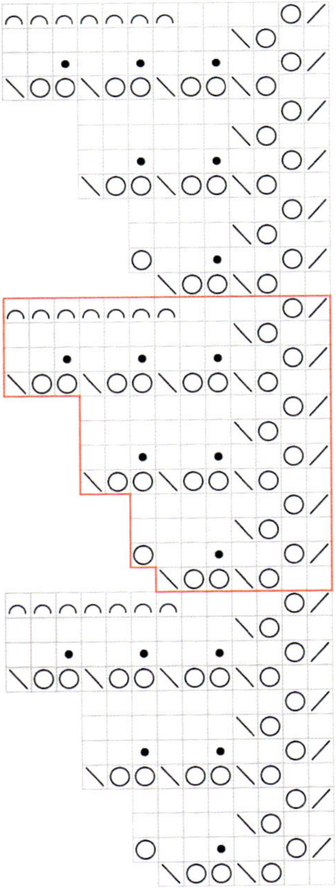

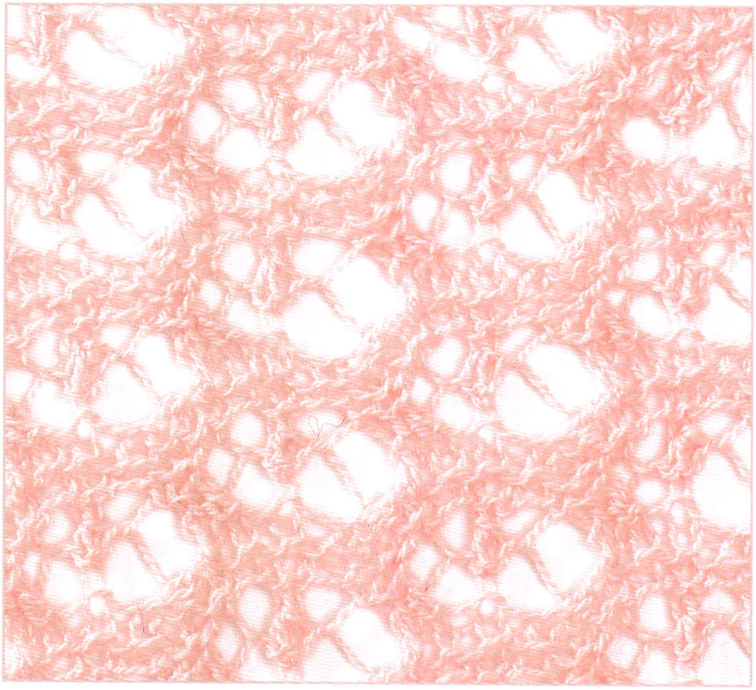

弗利图形

▶ 图形*

基础图形是没有平针行的“猫爪”。能用于披肩的边框部分或中心。当然，间隔可以根据需要调整。

编织方法

第1行： *3针下，左上2针并1针，挂针，1针下，挂针，滑针右上2针并1针，2针下。从 * 重复至剩余1针，1针下

第2行： *2针下，左上2针并1针，挂针，3针下，挂针，滑针右上2针并1针，1针下。从 * 重复至剩余1针，1针下

第3行： *4针下，挂针，右上3针并1针，挂针，3针下。从 * 重复至剩余1针，1针下

第4行： 全下针

第5行： 5针下，*3针下，左上2针并1针，挂针，1针下，挂针，滑针右上2针并1针，2针下。从 * 重复至剩余6针，6针下

第6行： 5针下，*2针下，左上2针并1针，挂针，3针下，挂针，滑针右上2针并1针，1针下。从 * 重复至剩余6针，6针下

第7行：5针下，*4针下，挂针，右上3针并1针，挂针，3针下。从 * 重复至剩余6针，6针下

第8行： 全下针

*与73页的饰带有相同的特点。

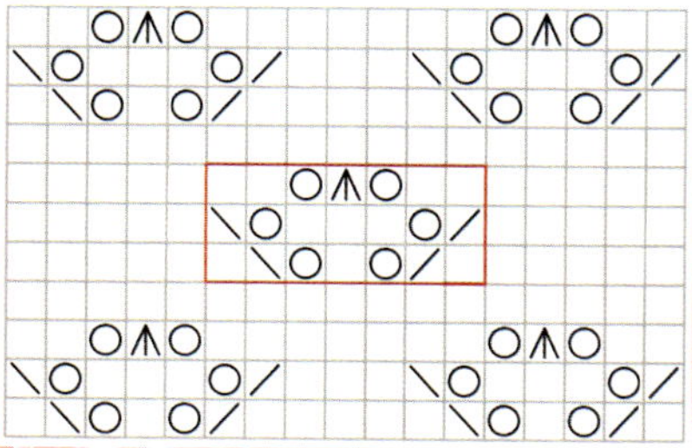

搭配展示（从上向下）：
猫爪花边（省略平针行），72页
弗利饰带，73页
弗利图形，62页，放在六角形框（97页）中

了解更多的图案搭配，可参见44页。

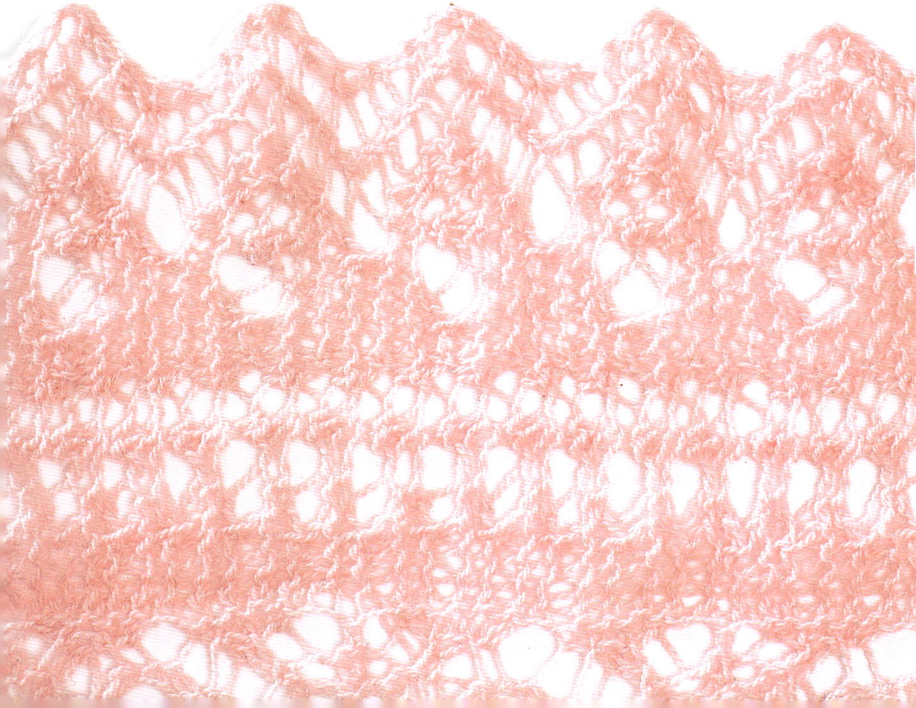

专心度 2

7.4

珠子饰带

▶ 饰带*

这是一款有用的饰带，用细线织效果最好。

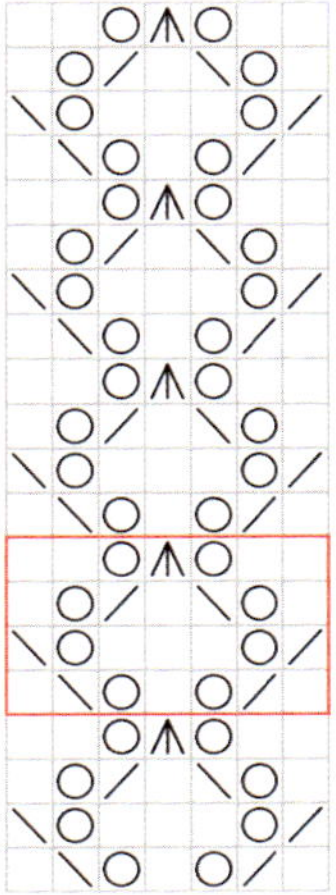

编织方法

第1行： 1针下，左上2针并1针，挂针，1针下，挂针，滑针右上2针并1针，1针下

第2行： 左上2针并1针，挂针，3针下，挂针，滑针右上2针并1针

第3行： 1针下，挂针，滑针右上2针并1针，1针下，左上2针并1针，挂针，1针下

第4行： 2针下，挂针，右上3针并1针，挂针，2针下

*与59页的满花、95页的图形、108页的花边有相同的特点。

专心度 1

7.4

拱桥

▶ 满花

这款简单的图案能被看为“马蹄”（76页）的顶部，它形成了漂亮的镂空织物。

编织方法

第1行： *1针下，挂针，1针下，右上3针并1针，1针下，挂针，1针下。从 * 重复至行末

第2行： 全下针

第3行： *2针下，挂针，右上3针并1针，挂针，2针下。从 * 重复至行末

第4行： 全下针

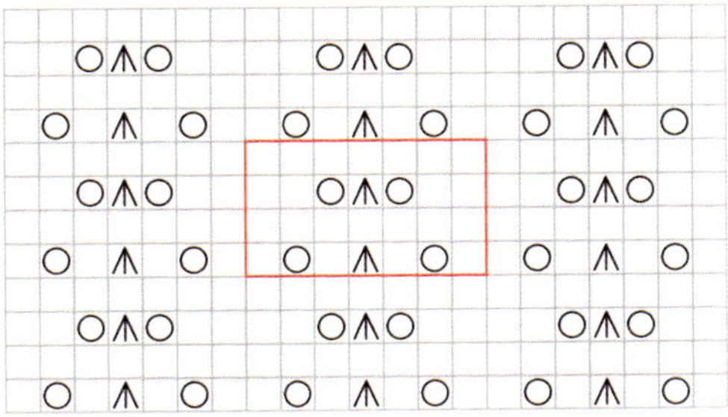

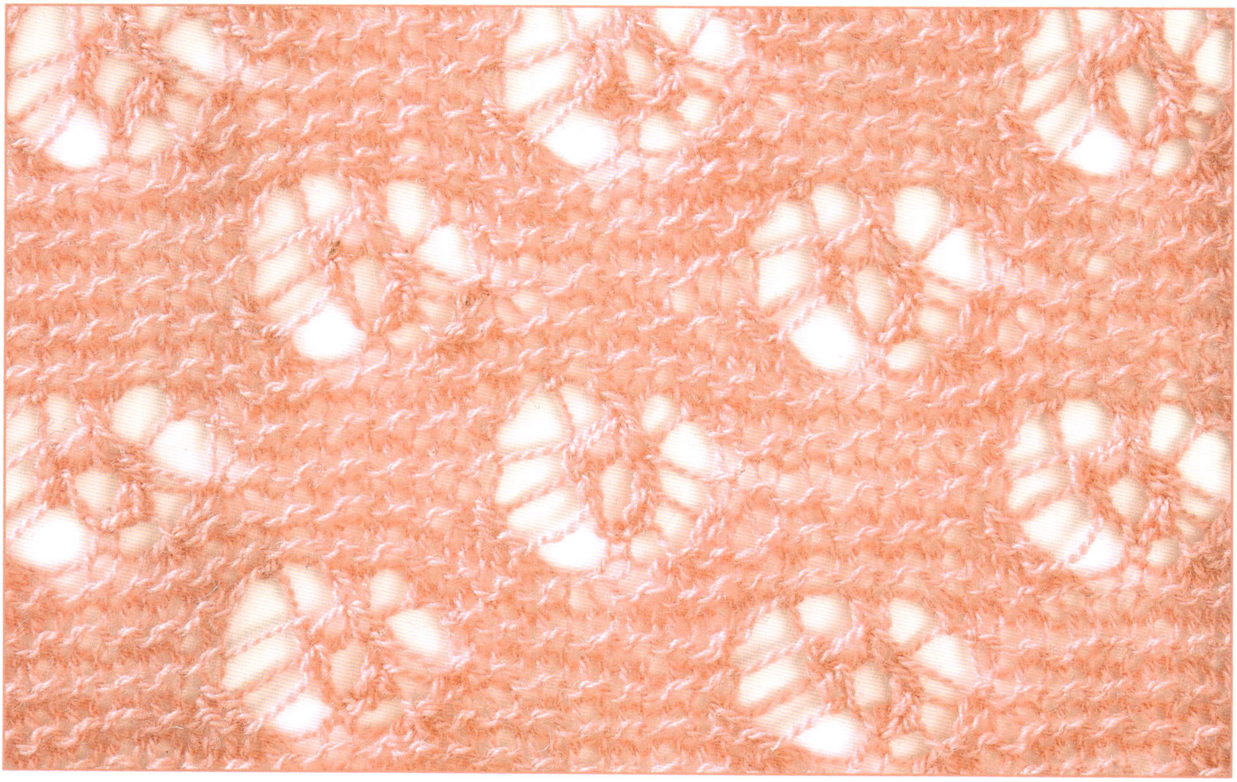

蜘蛛图形

图形*

这组蜘蛛图案有很多种变形，一些在顶部多出1行，一些在中间多出1行。注意这款图形除去多出的行，与珠子图案非常相似。这里，我把间距弄得很宽，再窄一些效果同样不错。

*与73页的饰带有相同的特点。

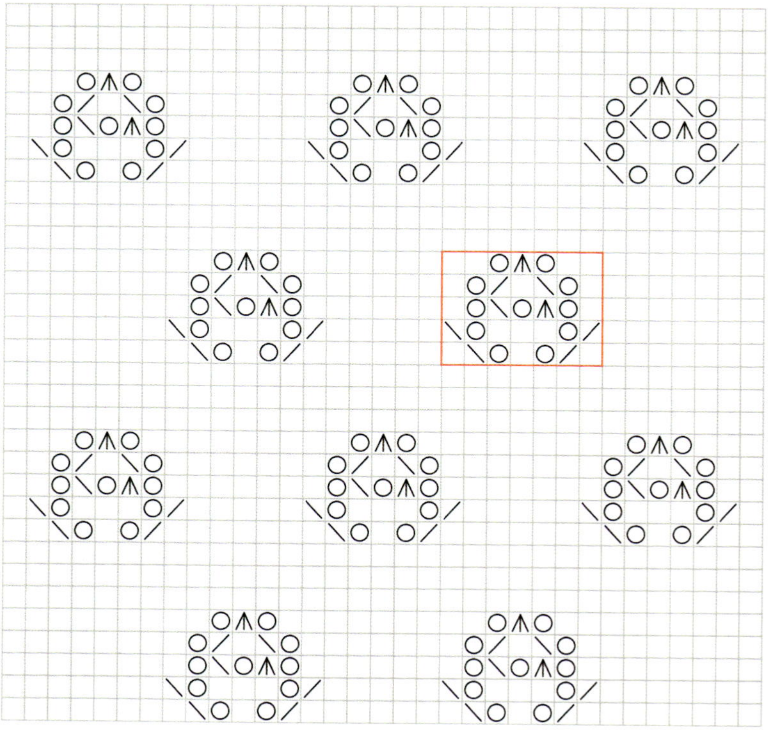

专心度 1

7.6

猫爪饰带

▶ 饰带*

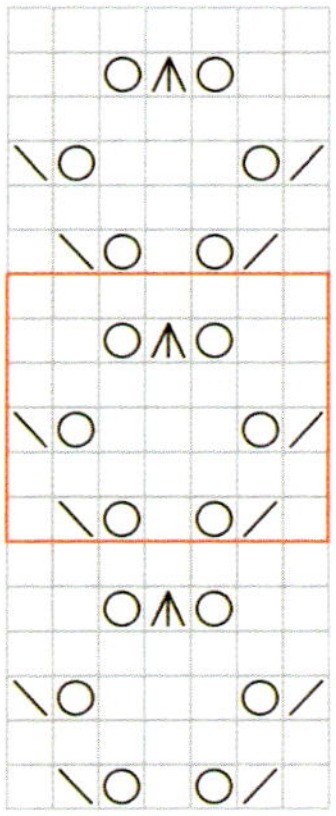

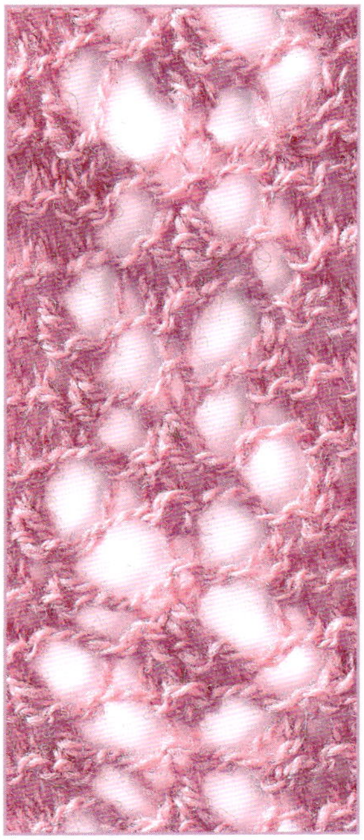

这是另一款有用的饰带，与其他包含爪子的图案搭配效果特别好。

编织方法

第1行： 1针下，左上2针并1针，挂针，1针下，挂针，滑针右上2针并1针，1针下

第2行及所有交替行： 全下针

第3行： 左上2针并1针，挂针，3针下，挂针，滑针右上2针并1针

第5行： 2针下，挂针，右上3针并1针，挂针，2针下

第6行： 全下针

*与72页的花边、77页的满花有相同的特点。

专心度 2

7.8

网眼饰带

▶ 饰带*

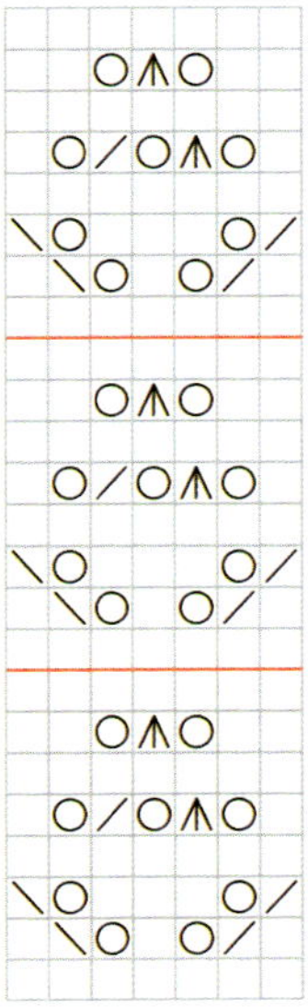

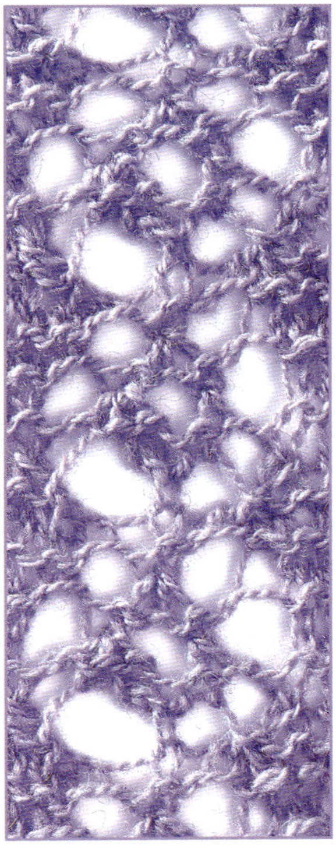

单排的网眼多用作边框。网眼也可以用作满花。注意，偶数行中只有第2行有挂针。

编织方法

第1行： 全下针

第2行： 1针下，左上2针并1针，挂针，1针下，挂针，滑针右上2针并1针，1针下

第3行： 左上2针并1针，挂针，3针下，挂针，滑针右上2针并1针

第4行： 全下针

第5行： 1针下，挂针，右上3针并1针，挂针，左上2针并1针，挂针，1针下

第6行： 全下针

第7行： 2针下，挂针，右上3针并1针，挂针，2针下

第8行： 全下针

*与80页的满花有相同的特点。

8.4

专心度 1

蕾丝洞饰带

▶ 饰带*

这是一款有用的饰带，用来加宽许多包含双挂针的蕾丝。想加宽一些，只需按4的倍数增加针数即可。

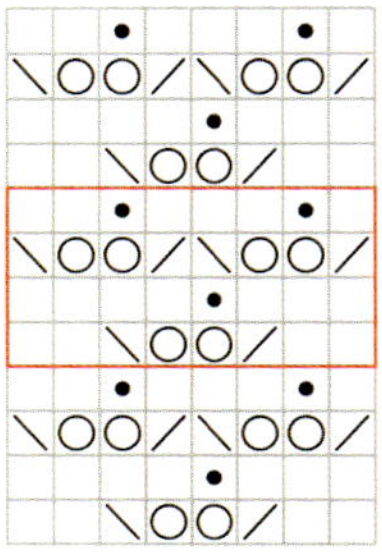

编织方法

第1行： 2针下，左上2针并1针，挂针，挂针，滑针右上2针并1针，2针下

第2行： 4针下，1针上，3针下

第3行： [左上2针并1针，挂针，挂针，滑针右上2针并1针] 2次

第4行： 2针下，1针上，3针下，1针上，1针下

*与54页的饰带、103页的图形、108页的花边有相同的特点。

8.8

+3

专心度 2

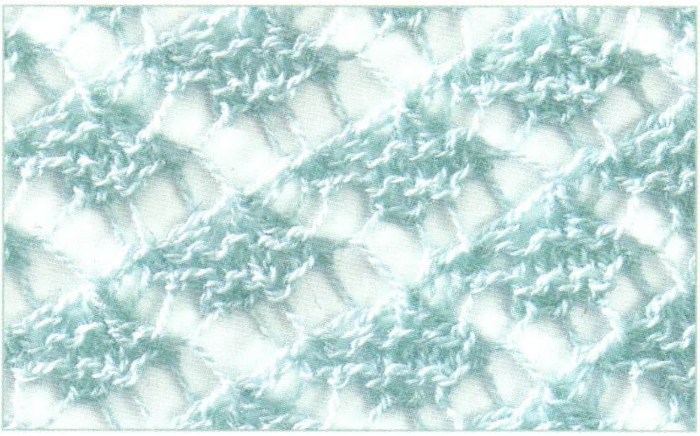

大菱形

▶ 满花

尽管这款老图案每行都有挂针，但却非常简单。用细线可以织出可爱、优雅的围巾或披肩的中心。

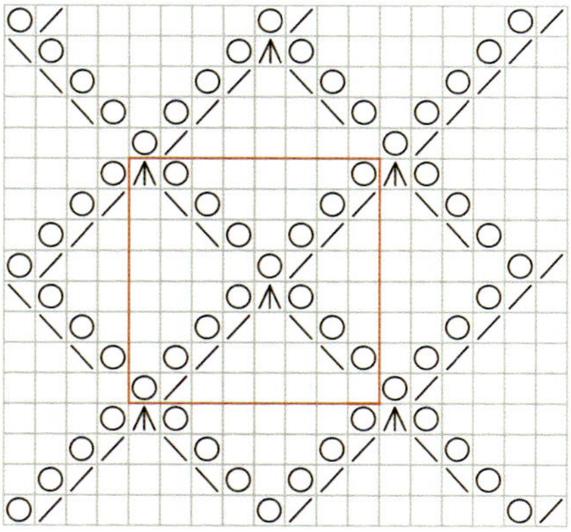

编织方法

第1行： 左上2针并1针，挂针，*6针下，左上2针并1针，挂针。从 * 重复至剩余1针，1针下

第2行： 2针下，*挂针，滑针右上2针并1针，3针下，左上2针并1针，挂针，1针下。从 * 重复至剩余1针，1针下

第3行： 2针下，*1针下，挂针，滑针右上2针并1针，1针下，左上2针并1针，挂针，2针下。从 * 重复至剩余1针，1针下

第4行： 2针下，*2针下，挂针，右上3针并1针，挂针，3针下。从 * 重复至剩余1针，1针下

第5行： *4针下，左上2针并1针，挂针，2针下。从 * 重复至剩余3针，3针下

第6行： *3针下，左上2针并1针，挂针，1针下，挂针，滑针右上2针并1针。从 * 重复至剩余3针，3针下

第7行： 1针下，*1针下，左上2针并1针，挂针，3针下，挂针，滑针右上2针并1针。从 * 重复至剩余2针，2针下

第8行： 1针下，左上2针并1针，挂针，*5针下，挂针，右上3针并1针，挂针。从 * 重复至剩余8针，5针下，挂针，滑针右上2针并1针，1针下

微型树叶

▶ 满花

这是另一款有用的老图案，用于围巾和披肩。

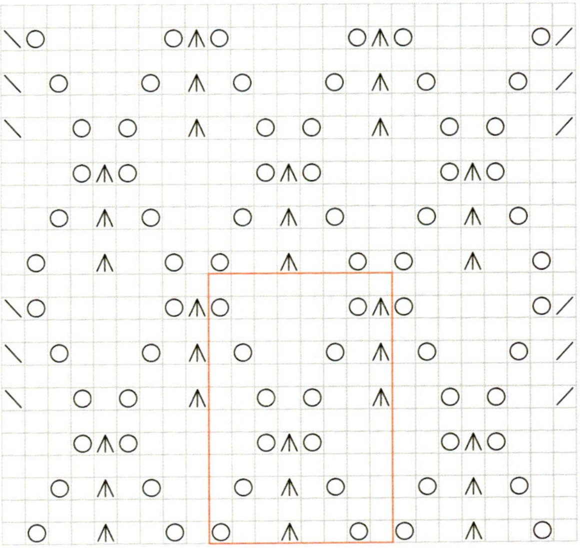

编织方法

第1行： *1针下，挂针，2针下，右上3针并1针，2针下，挂针。从 * 重复至剩余1针，1针下

第2行及所有交替行： 全下针

第3行： *2针下，挂针，1针下，右上3针并1针，1针下，挂针，1针下。从 * 重复至剩余1针，1针下

第5行： *3针下，挂针，右上3针并1针，挂针，2针下。从 * 重复至剩余1针，1针下

第7行： 左上2针并1针，*2针下，挂针，1针下，挂针，2针下，右上3针并1针。从 * 重复至剩余7针，2针下，挂针，1针下，挂针，2针下，滑针右上2针并1针

第9行： 左上2针并1针，*1针下，挂针，3针下，挂针，1针下，右上3针并1针。从 * 重复至剩余7针，1针下，挂针，3针下，挂针，1针下，滑针右上2针并1针

第11行： 左上2针并1针，*挂针，5针下，挂针，右上3针并1针。从 * 重复至剩余7针，挂针，5针下，挂针，滑针右上2针并1针

第12行： 全下针

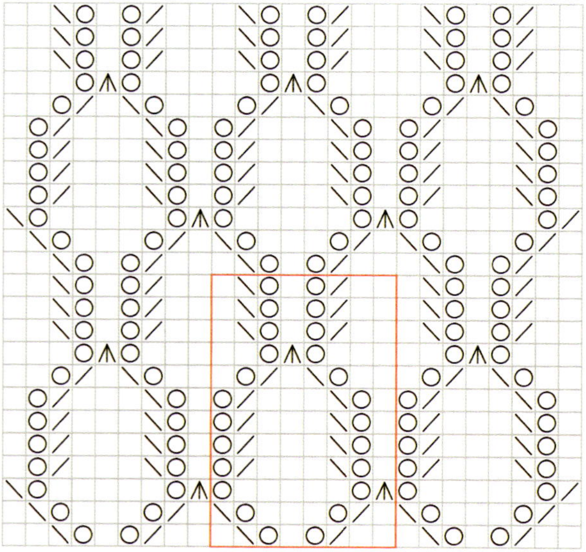

小六角形

▶ 满花

这款满花的图案织起来比看起来要简单许多。用细线可以织出优雅的披肩的中心。

编织方法

第1行： *2针下，左上2针并1针，挂针，1针下，挂针，滑针右上2针并1针，1针下。从 * 重复至剩余1针，1针下

第2行： *1针下，左上2针并1针，挂针，3针下，挂针，滑针右上2针并1针。从 * 重复至剩余1针，1针下

第3行： 左上2针并1针，挂针，*5针下，挂针，右上3针并1针，挂针。从 * 重复至剩余7针，5针下，挂针，滑针右上2针并1针

第4—7行： *1针下，挂针，滑针右上2针并1针，3针下，左上2针并1针，挂针。从 * 重复至剩余1针，1针下

第8行： *2针下，挂针，滑针右上2针并1针，1针下，左上2针并1针，挂针，1针下。从 * 重复至剩余1针，1针下

第9行： *3针下，挂针，右上3针并1针，挂针，2针下。从 * 重复至剩余1针，1针下

第10—12行： 同第1行。

Z字形饰带

▶ 饰带

这款饰带与其他包含波浪线的图案相配效果很好，如“菱形格”（91页）。可以方便地改变针数和行数。

编织方法

第1行： 2针下，[挂针，滑针右上2针并1针] 2次，2针下

第2行及所有交替行： 全下针

第3行： 3针下，[挂针，滑针右上2针并1针] 2次，1针下

第5行： 4针下，[挂针，滑针右上2针并1针] 2次

第7行： 2针下，[左上2针并1针，挂针] 2次，2针下

第9行： 1针下，[左上2针并1针，挂针] 2次，3针下

第11行： [左上2针并1针，挂针] 2次，4针下

第12行： 全下针

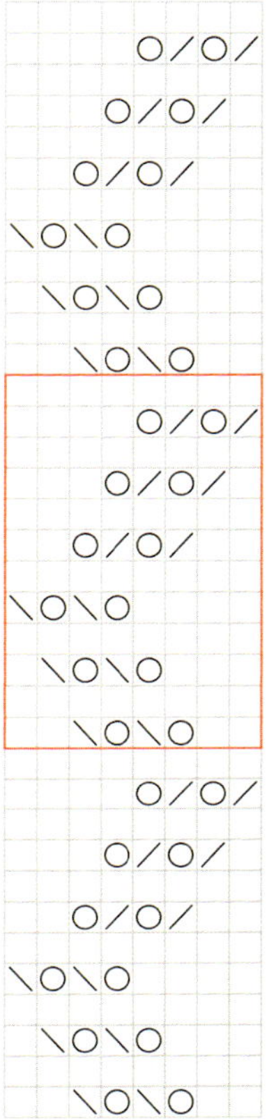

搭配展示（从上向下）：
Z字形饰带，69页
网眼饰带，65页

人字形

▶ 满花

波浪线能用在其他图案之间，或本身构成一个图案。可以方便地改变针数和行数，以及间距。这些线条中间加入平针行看起来也不错。

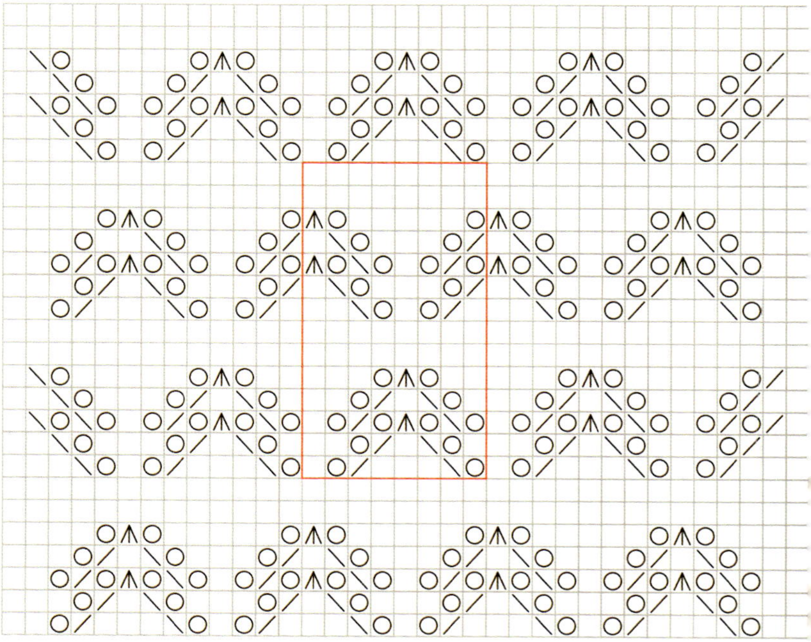

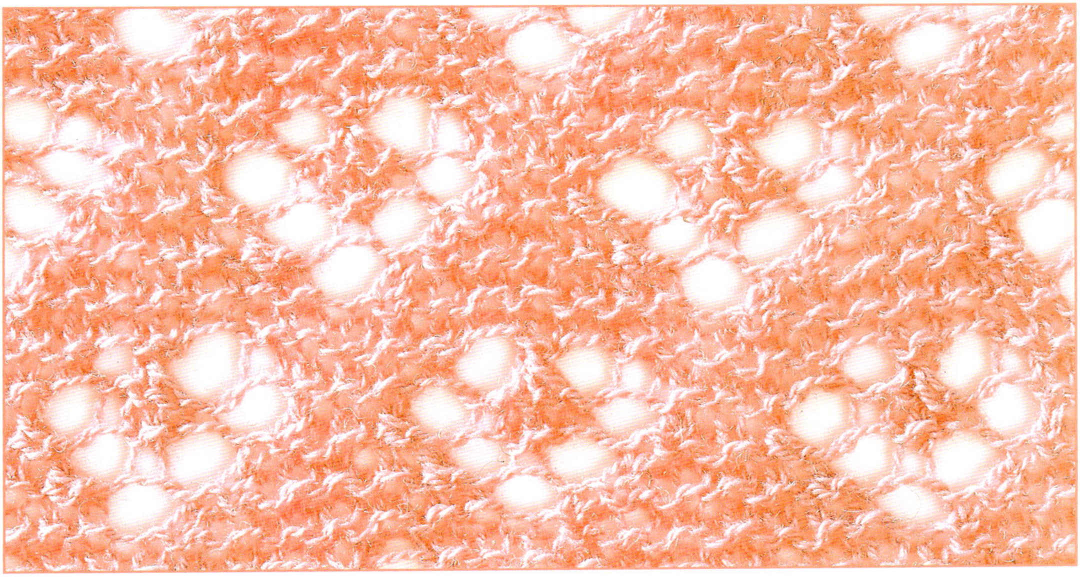

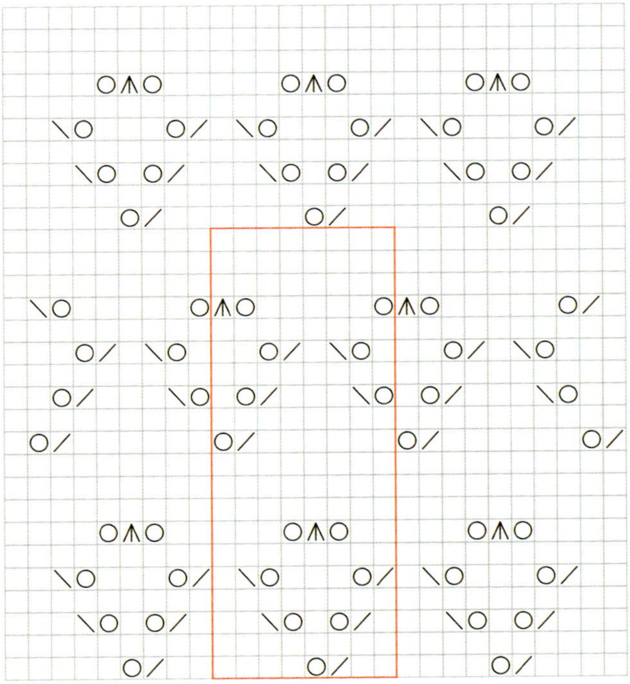

草莓

▶ 满花

这个图案有时称为猫爪，有时称为草莓，与在罗森伯格传统图案中发现的草莓图形很相似，不过减针略有不同。

编织方法

第1行： 2针下，*2针下，左上2针并1针，挂针，4针下。从 * 重复至剩余1针，1针下

第2行及所有交替行： 全下针

第3行： 2针下，*1针下，左上2针并1针，挂针，1针下，挂针，滑针右上2针并1针，2针下。从 * 重复至剩余1针，1针下

第5行： 2针下，*左上2针并1针，挂针，3针下，挂针，滑针右上2针并1针，1针下。从 * 重复至剩余1针，1针下

第7行： 2针下，*2针下，挂针，右上3针并1针，挂针，3针下。从 * 重复至剩余1针，1针下

第9行： 全下针

第11行： *左上2针并1针，挂针，6针下。从 * 重复至剩余3针，左上2针并1针，挂针，1针下

第13行： 1针下，*1针下，挂针，滑针右上2针并1针，3针下，左上2针并1针，挂针。从 * 重复至剩余2针，2针下

第15行： 1针下，*2针下，挂针，滑针右上2针并1针，1针下，左上2针并1针，挂针，1针下。从 * 重复至剩余2针，2针下

第17行： 1针下，左上2针并1针，挂针，5针下，*挂针，右上3针并1针，挂针，5针下。从 * 重复至剩余3针，挂针，滑针右上2针并1针，1针下

第19行： 全下针

第20行： 全下针

8.24

专心度 1

猫爪花边

▶ 花边*

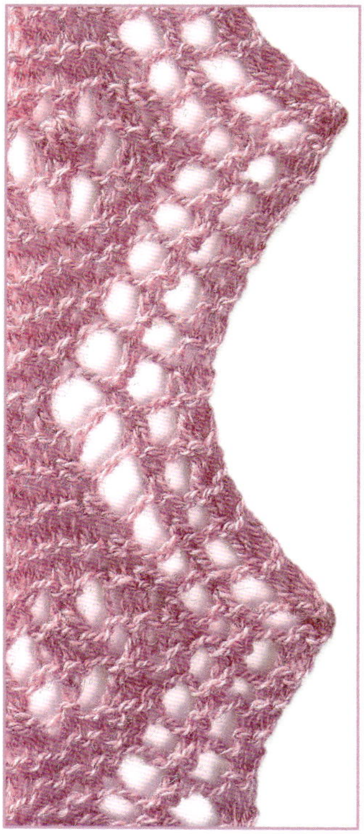

显示为原大的70%

对于包含猫爪的织物，这是一款完美的花边。想要加宽一些，可以加入猫爪饰带。

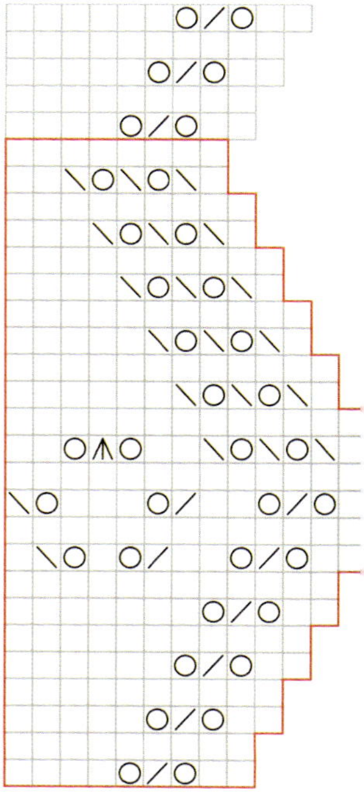

编织方法

第1行： 2针下，挂针，左上2针并1针，挂针，4针下

第2行及所有交替行： 全下针

第3行： 2针下，挂针，左上2针并1针，挂针，5针下

第5行： 2针下，挂针，左上2针并1针，挂针，6针下

第7行： 2针下，挂针，左上2针并1针，挂针，7针下

第9行： 2针下，挂针，左上2针并1针，挂针，2针下，左上2针并1针，挂针，1针下，挂针，滑针右上2针并1针，1针下

第11行： 2针下，挂针，左上2针并1针，挂针，2针下，左上2针并1针，挂针，3针下，挂针，滑针右上2针并1针

第13行： 1针下，[滑针右上2针并1针，挂针] 2次，滑针右上2针并1针，2针下，挂针，右上3针并1针，挂针，2针下

第15行： 1针下，[滑针右上2针并1针，挂针] 2次，滑针右上2针并1针，6针下

第17行： 1针下，[滑针右上2针并1针，挂针] 2次，滑针右上2针并1针，5针下

第19行： 1针下，[滑针右上2针并1针，挂针] 2次，滑针右上2针并1针，4针下

第21行： 1针下，[滑针右上2针并1针，挂针] 2次，滑针右上2针并1针，3针下

第23行： 1针下，[滑针右上2针并1针，挂针] 2次，滑针右上2针并1针，2针下

第24行： 同第2行

*与65页的饰带、77页的满花有相同的特点。

9.4

专心度 1

复杂的网饰带

▶ 饰带*

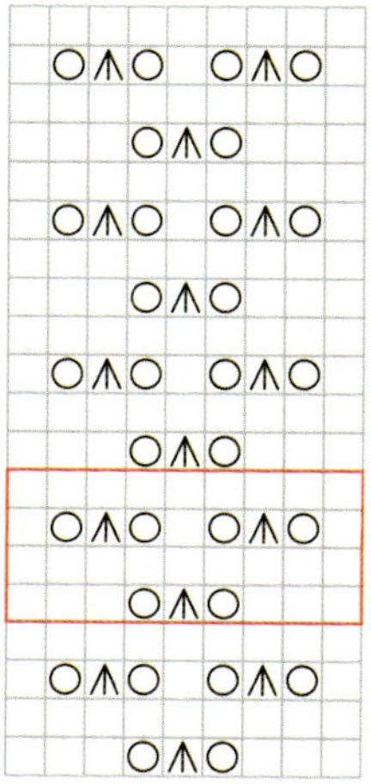

这是一款有用的小饰带，可以在边框和花边中间形成一个镂空的区域。

编织方法

第1行： 3针下，挂针，右上3针并1针，挂针，3针下

第2行： 全下针

第3行： [1针下，挂针，右上3针并1针，挂针] 2次，1针下

第4行： 全下针

*与56页的满花、74页的图形有相同的特点。

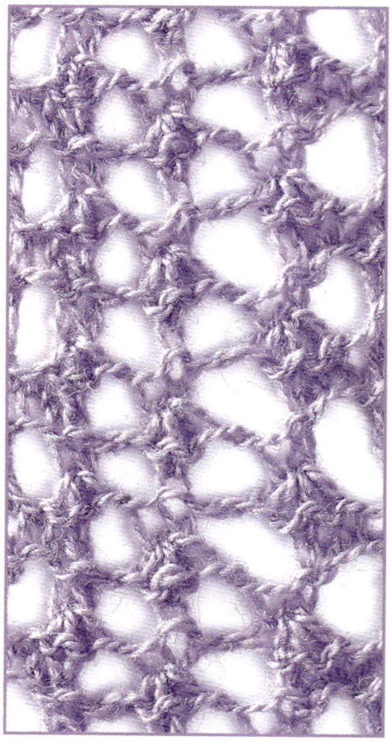

专心度 2

9.4

弗利饰带

▶ 饰带*

弗利是设得兰方言中苍蝇的读音，因为这个图形中的洞看起来像苍蝇的翅膀。

编织方法

第1行： 2针下，左上2针并1针，挂针，1针下，挂针，滑针右上2针并1针，2针下

第2行： 1针下，左上2针并1针，挂针，3针下，挂针，滑针右上2针并1针，1针下

第3行： 3针下，挂针，右上3针并1针，挂针，3针下

第4行： 全下针

*与62页的图形有相同的特点。

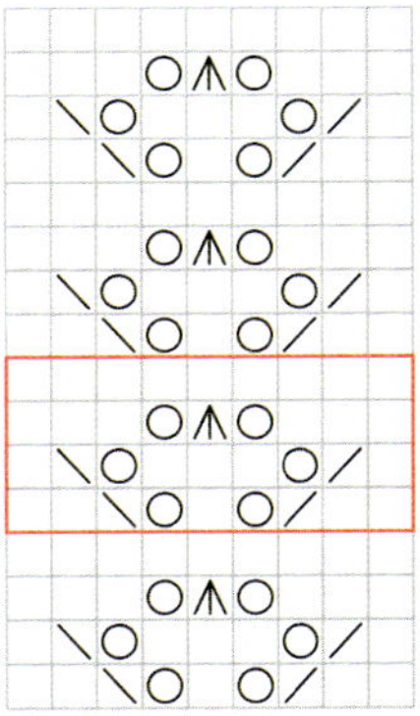

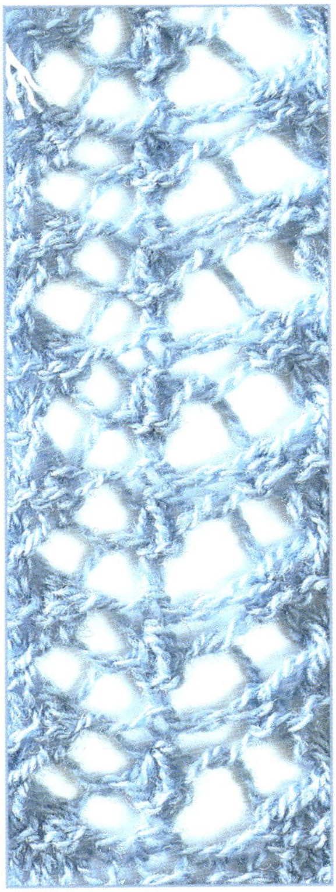

专心度 3

9.6

蜘蛛饰带

▶ 饰带*

用作饰带时，蜘蛛图案可以在中心和花边之间形成一条圆洞。留心在织哪一行，记住蜘蛛之间的下针行。

*与64页的图形有相同的特点。

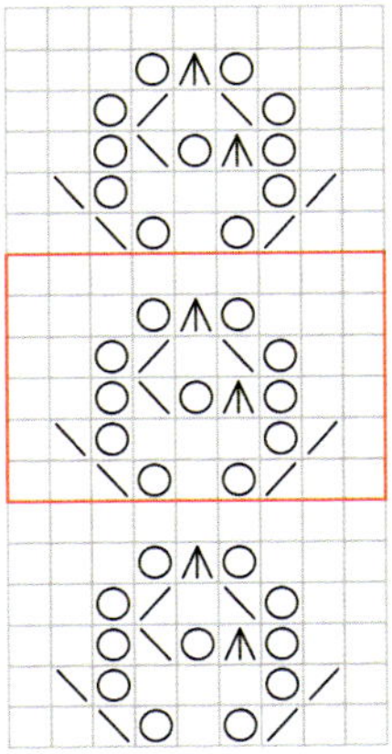

9.6

专心度 1

复杂的网图形

▶ 图形*

“复杂的网图形”可以组合后用在很多地方，可以是任何大小、任何形状，常常组成大的Z字形，或用作其他图形的边框。

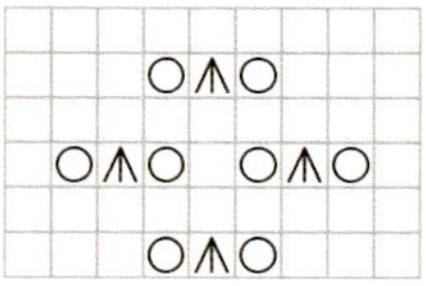

编织方法

第1行： 3针下，挂针，右上3针并1针，挂针，3针下

第2行及所有交替行： 全下针

第3行： 1针下，[挂针，右上3针并1针，挂针，1针下] 2次

第5行： 同第1行

第6行： 全下针

*与56页的满花、72页的饰带有相同的特点。

9.12

专心度 1

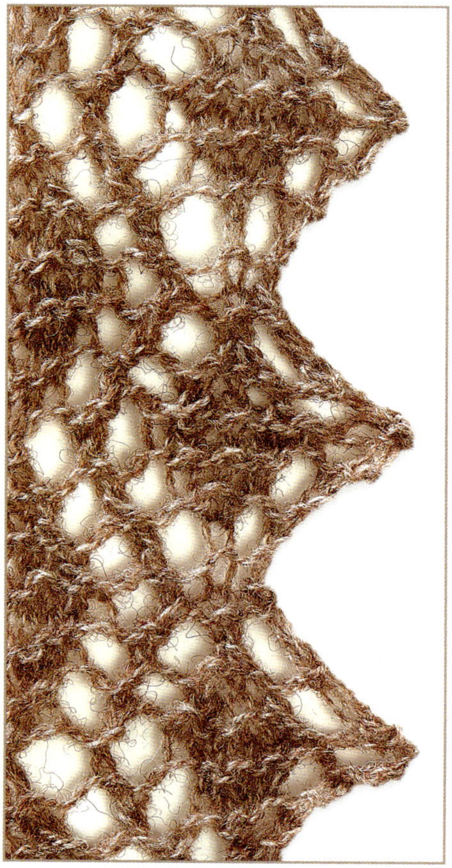

多丽丝花边

▶ 花边

这款简单的花边可以用起伏针或全下针编织，任何粗细的毛线都可以。注意在外边缘，挂针外只有1针。

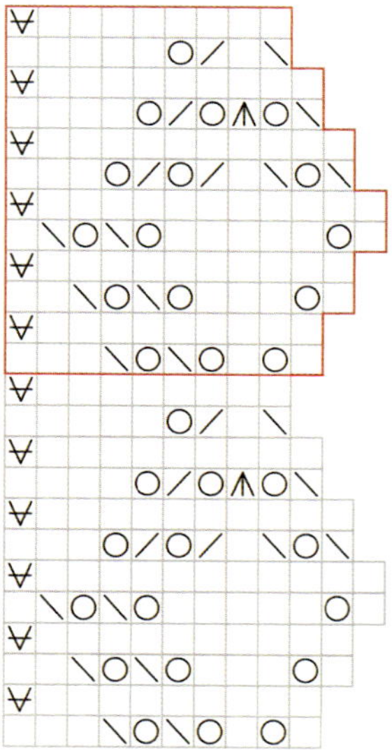

编织方法

第1行： [1针下，挂针] 2次，[滑针右上2针并1针，挂针] 2次，3针下

第2行及所有交替行： 上针方向滑1针， 下针织到行末

第3行： 1针下，挂针，3针下，[挂针，滑针右上2针并1针] 2次，2针下

第5行： 1针下，挂针，5针下，[挂针，滑针右上2针并1针] 2次，1针下

第7行： 滑针右上2针并1针，挂针，滑针右上2针并1针，1针下，[左上2针并1针，挂针] 2次，3针下

第9行： 滑针右上2针并1针，挂针，右上3针并1针，挂针，左上2针并1针，
挂针，4针下

第11行： 滑针右上2针并1针，1针下，左上2针并1针，挂针，5针下

第12行： 上针方向滑1针，下针织到行末

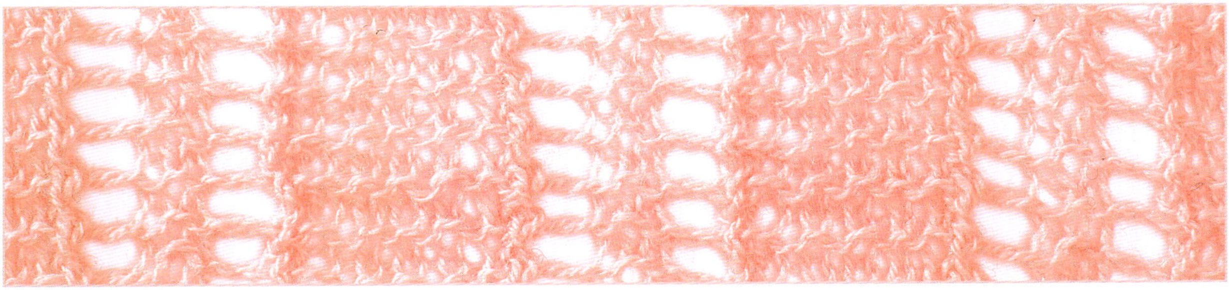

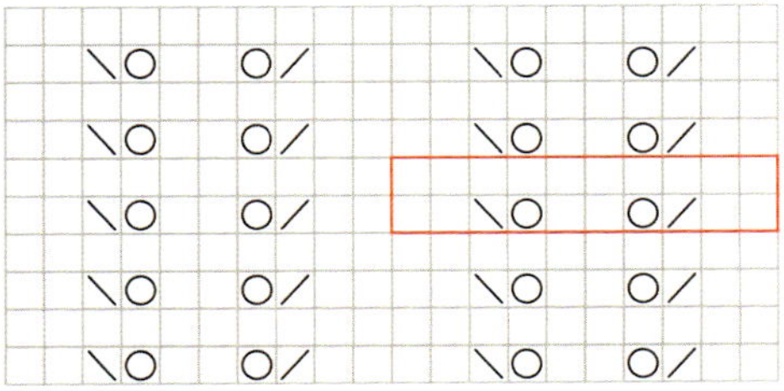

阿卡

▶ 满花

这是一款老图案，用于手套、围巾、帽子，以及长袜。如今，在全下针背景下，织短袜也不错。

编织方法

第1行： *2针下，左上2针并1针，挂针，2针下，挂针，滑针右上2针并1针，2针下。从 * 重复至行末

第2行： 全下针

专心度 1

10.2

+1

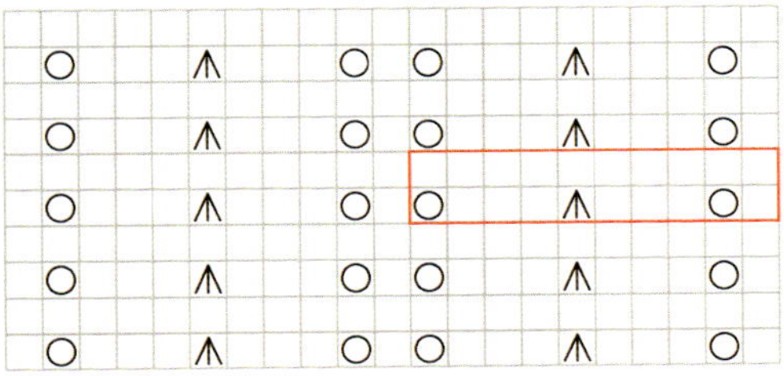

新贝壳

▶ 满花

这是另一款老图案，有扇形边，用不同的颜色织很好看。

编织方法

第1行： *1针下，挂针，3针下，右上3针并1针，3针下，挂针。从 * 重复至剩余1针，1针下

第2行： 全下针

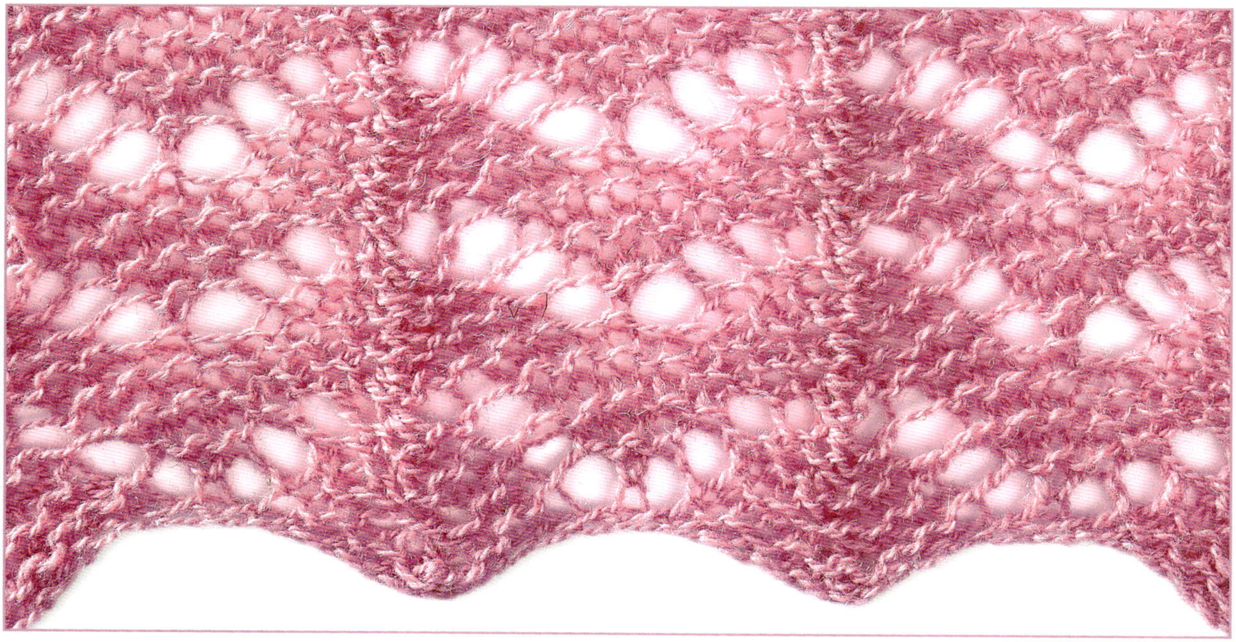

马蹄

▶ 满花

这是一款非常有用的老图案。在全下针和起伏针背景下，用任何粗细的毛线织都很好看。

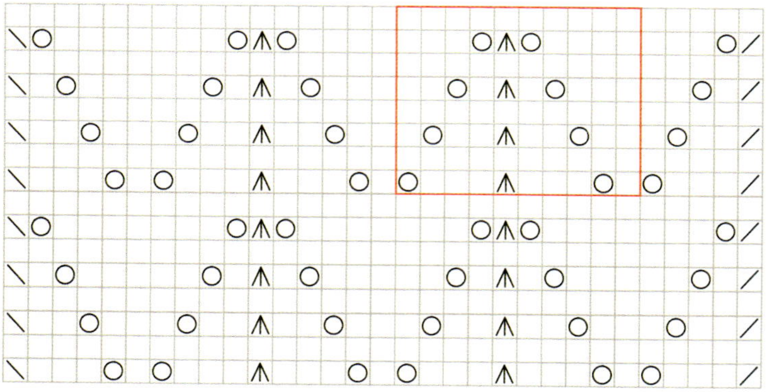

编织方法

第1行： 左上2针并1针，3针下，挂针，*1针下，挂针，3针下，右上3针并1针，3针下，挂针。从 * 重复至剩余6针，1针下，挂针，3针下，滑针右上2针并1针

第2行及所有交替行： 全下针

第3行： 左上2针并1针, 2针下, 挂针, 1针下, *2针下, 挂针, 2针下, 右上3针并1针, 2针下, 挂针, 1针下。从 * 重复至剩余6针, 2针下, 挂针, 2针下, 滑针右上2针并1针

第5行： 左上2针并1针, 1针下, 挂针, 2针下, *3针下, 挂针, 1针下, 右上3针并1针, 1针下, 挂针, 2针下。从 * 重复至剩余6针, 3针下, 挂针, 1针下, 滑针右上2针并1针

第7行： 左上2针并1针，挂针，3针下，*4针下，挂针, 右上3针并1针, 挂针, 3针下。从 * 重复至剩余6针, 4针下, 挂针, 滑针右上2针并1针

第8行： 全下针

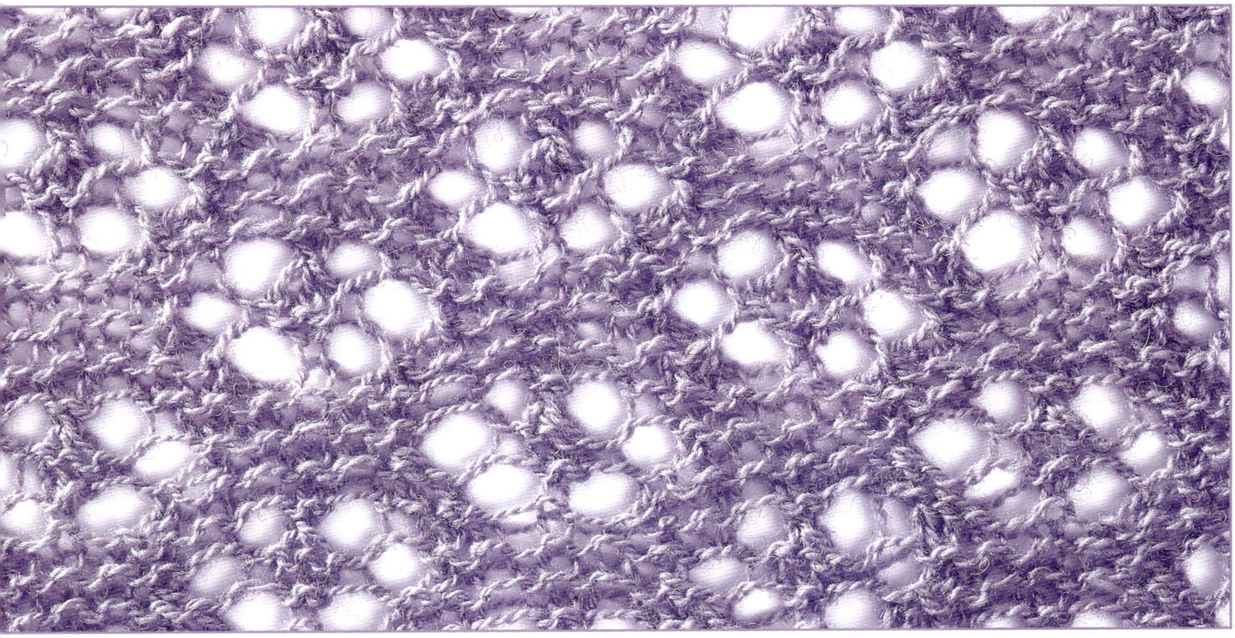

猫爪

▶ 满花*

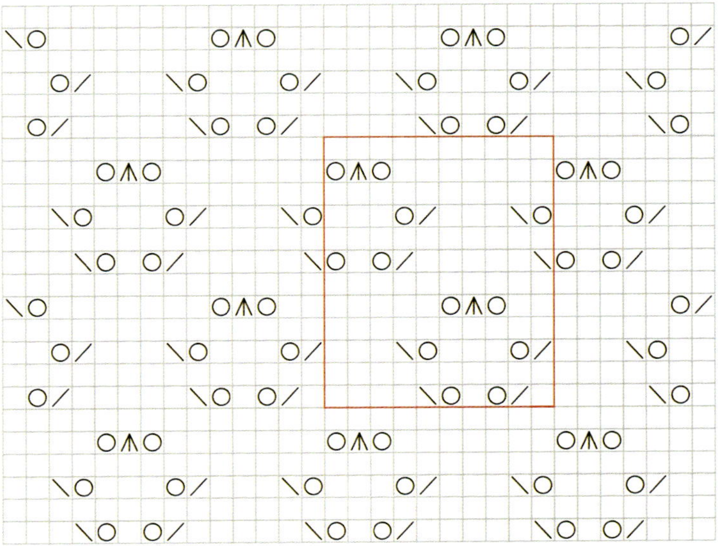

猫爪图案可以有许多摆放方式——中间有或没有平针行的条状，或如图所示交错摆放。可以用任何毛线在全下针或起伏针背景下编织，可以单个使用，也可以成片使用。这是设得兰编织者的重要法宝。

编织方法

第1行： *3针下，左上2针并1针，挂针，1针下，挂针，滑针右上2针并1针，2针下。从 * 重复至剩余1针，1针下

第2行及所有交替行： 全下针

第3行： *2针下，左上2针并1针，挂针，3针下，挂针，滑针右上2针并1针，1针下。从 * 重复至剩余1针，1针下

第5行： *4针下，挂针，右上3针并1针，挂针，3针下。从 * 重复至剩余1针，1针下

第7行： 1针下，挂针，滑针右上2针并1针，2针下，*3针下，左上2针并1针，挂针，1针下，挂针，滑针右上2针并1针，2针下。从 * 重复至剩余6针，3针下，左上2针并1针，挂针，1针下

第9行： 2针下，挂针，滑针右上2针并1针，1针下，*2针下，左上2针并1针，挂针，3针下，挂针，滑针右上2针并1针，1针下。从 * 重复至剩余6针，2针下，左上2针并1针，挂针，2针下

第11行： 左上2针并1针，挂针，3针下，*4针下，挂针，右上3针并1针，挂针，3针下。从 * 重复至剩余6针，4针下，挂针，滑针右上2针并1针

第12行： 全下针

*与65页的饰带、72页的花边有相同的特点。

10.16 专心度 1

断开的阿卡

▶ 满花

这种阿卡图案的变形可以织成简单、漂亮的围巾，或用于披肩的中心。用任何粗细的线在起伏针或全下针背景下编织，都很好看。

编织方法

第1行： 1针下，挂针，滑针右上2针并1针，2针下，*2针下，左上2针并1针，挂针，2针下，挂针，滑针右上2针并1针，2针下。从 * 重复最后5针，2针下，左上2针并1针，挂针，1针下

第2行： 全下针

第3—8行： 再重复第1—2行3次

第9行： *2针下，左上2针并1针，挂针，2针下，挂针，滑针右上2针并1针，2针下。从 * 重复至行末

第10行： 全下针

第11—16行： 再重复第9—10行3次

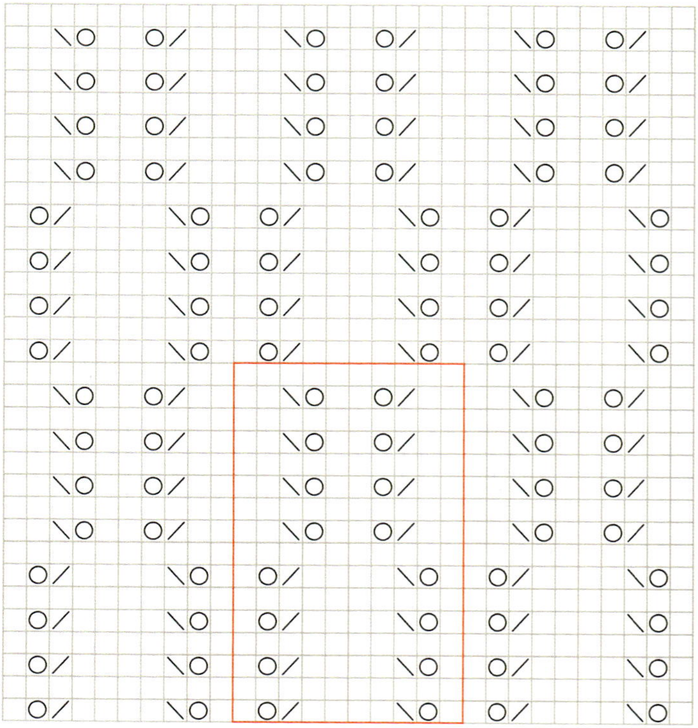

烛光

▶ 满花

比起大多数只在奇数行有挂针的图案，这款漂亮的图案需要更集中精力。在全下针背景下，粗一些的线更强调了减针形成的菱形线，效果最好。

编织方法（起伏针背景）

第1行： *3针下, 左上2针并1针, 挂针, 1针下, 挂针, 滑针右上2针并1针, 2针下。从 * 重复至剩余1针, 1针下

第2行及所有交替行： 全下针

第3行： *2针下, 左上2针并1针, 1针下, 挂针, 1针下, 挂针, 1针下, 滑针右上2针并1针, 1针下。从 * 重复至剩余1针, 1针下

第5行： *1针下, 左上2针并1针, 2针下, 挂针, 1针下, 挂针, 2针下, 滑针右上2针并1针。从 * 重复至剩余1针, 1针下

第7行： 左上2针并1针, 3针下, 挂针, 1针下, 挂针, 3针下, *右上3针并1针, 3针下, 挂针, 1针下, 挂针, 3针下。从 * 重复至剩余2针, 滑针右上2针并1针

第9行： *1针下, 挂针, 滑针右上2针并1针, 5针下, 左上2针并1针, 挂针。从 * 重复至剩余1针, 1针下

第11行： *1针下, 挂针, 1针下, 滑针右上2针并1针, 3针下, 左上2针并1针, 1针下, 挂针。从 * 重复至剩余1针, 1针下

第13行： *1针下, 挂针, 2针下, 滑针右上2针并1针, 1针下, 左上2针并1针, 2针下, 挂针。从 * 重复至剩余1针, 1针下

第15行： *1针下, 挂针, 3针下, 右上3针并1针, 3针下, 挂针。从 * 重复至剩余1针, 1针下

第16行： 全下针

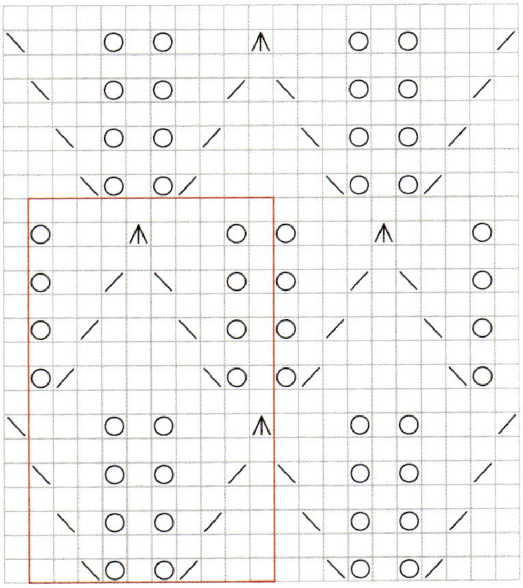

起伏针背景

全下针背景

专心度 1

玫瑰花蕾网眼

▶ 满花*

这是一款网眼图案。注意，这款图案与蜘蛛图案的针法大致相同，但有平针行。这个图案能用作饰带，也能用作满花。用作满花时，为增强镂空的效果，可以把网眼排放得更紧一些，也可以在中间多加几针。

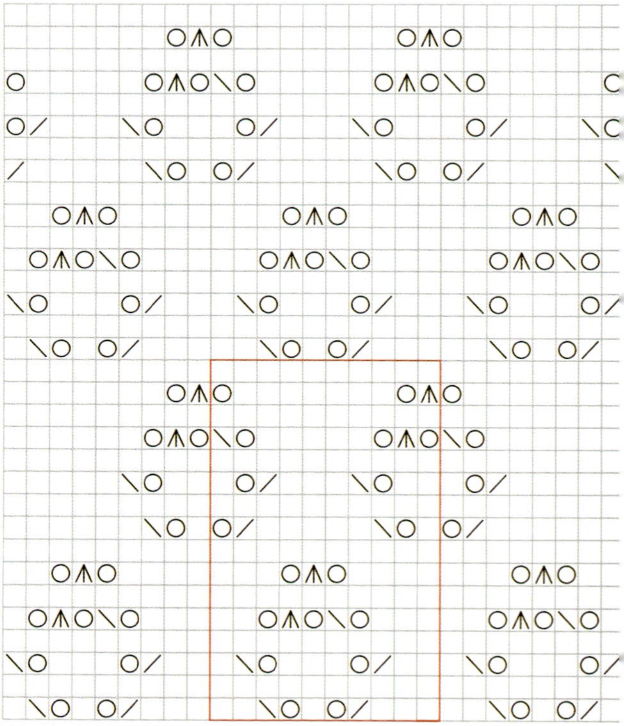

编织方法

第1行： *3针下，左上2针并1针，挂针，1针下，挂针，滑针右上2针并1针，2针下。从*重复至剩余1针，1针下

第2行及所有交替行： 全下针

第3行： *2针下，左上2针并1针，挂针，3针下，挂针，滑针右上2针并1针，1针下。从*重复至剩余1针，1针下

第5行： *3针下，挂针，滑针右上2针并1针，挂针，右上3针并1针，挂针，2针下。从*重复至剩余1针，1针下

第7行： *4针下，挂针，右上3针并1针，挂针，3针下。从*重复至剩余1针，1针下

第9行： 1针下，挂针，滑针右上2针并1针，2针下，*3针下，左上2针并1针，挂针，1针下，挂针，滑针右上2针并1针，2针下。从*重复至剩余6针，3针下，左上2针并1针，挂针，1针下

第11行： 2针下，挂针，滑针右上2针并1针，1针下，*2针下，左上2针并1针，挂针，3针下，挂针，滑针右上2针并1针，1针下。从*重复至剩余6针，2针下，左上2针并1针，挂针，2针下

第13行： 1针下，左上2针并1针，挂针，2针下，*3针下，挂针，滑针右上2针并1针，挂针，右上3针并1针，挂针，2针下。从*重复至剩余6针，3针下，挂针，滑针右上2针并1针，1针下

第15行： 左上2针并1针，挂针，3针下，*4针下，挂针，右上3针并1针，挂针，3针下。从*重复至剩余6针，4针下，挂针，滑针右上2针并1针

第16行： 全下针

*与65页的饰带有相同的特点。

传统的扇形花边

▶ 花边

这是一款常常用在裹式披肩边上的花边，可以通过增减中心的行数来增大或缩小。

编织方法

第1行： 1针下，左上2针并1针，挂针，4针下，滑针右上2针并1针，挂针，2针下

第2行及所有交替行： 上针方向滑1针，下针织到行末

第3行： 1针下，左上2针并1针，挂针，4针下，挂针，滑针右上2针并1针，挂针，2针下

第5行： 1针下，左上2针并1针，挂针，3针下，[挂针，滑针右上2针并1针] 2次，挂针，2针下

第7行： 1针下，左上2针并1针，挂针，2针下，[挂针，滑针右上2针并1针] 3次，挂针，2针下

第9行： 1针下，左上2针并1针，挂针，1针下，[挂针，滑针右上2针并1针] 4次，挂针，2针下

第11行： 1针下，左上2针并1针，挂针，1针下，左上2针并1针，[挂针，左上2针并1针] 4次，1针下

第13行： 1针下，左上2针并1针，挂针，2针下，左上2针并1针，[挂针，左上2针并1针] 3次，1针下

第15行： 1针下，左上2针并1针，挂针，3针下，左上2针并1针，[挂针，左上2针并1针] 2次，1针下

第17行： 1针下，左上2针并1针，挂针，4针下，左上2针并1针，挂针，左上2针并1针，1针下

第19行： 1针下，左上2针并1针，挂针，5针下，左上2针并1针，1针下

第20行： 上针方向滑1针，下针织到行末

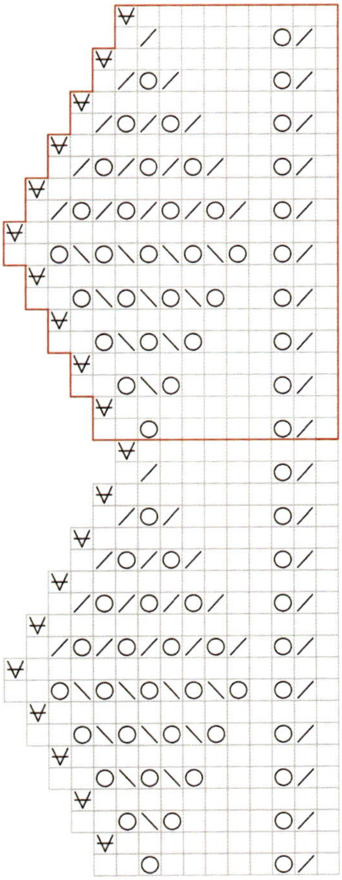

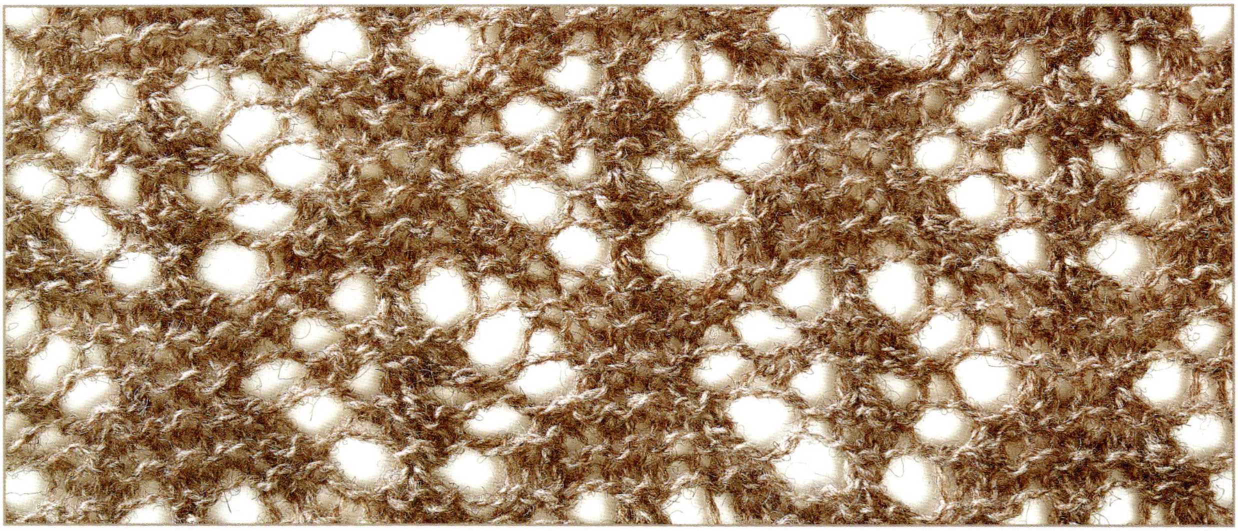

菱形点

▶ 满花

我在一对非常老的安斯特织物中发现了这款图案。我不知道它有没有名字。它可以织成披肩的中心，简单而明显。

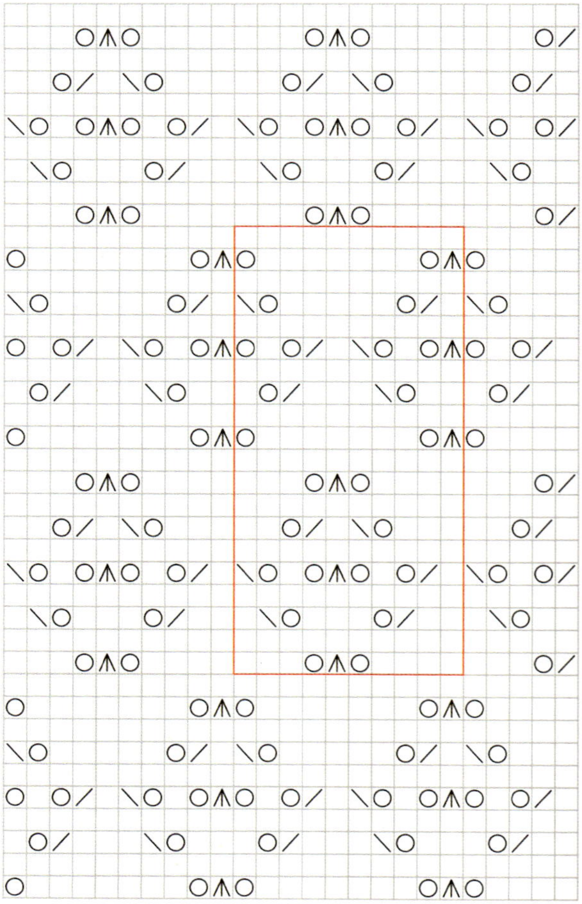

编织方法

第1行： *4针下，挂针，右上3针并1针，挂针，3针下。从 * 重复至剩余1针，1针下

第2行及所有交替行： 全下针

第3行： *2针下，左上2针并1针，挂针，3针下，挂针，滑针右上2针并1针，1针下。从 * 重复至剩余1针，1针下

第5行： *1针下，左上2针并1针，挂针，1针下，挂针，右上3针并1针，挂针，1针下，挂针，滑针右上2针并1针。从 * 重复至剩余1针，1针下

第7行： *3针下，挂针，滑针右上2针并1针，1针下，左上2针并1针，挂针，2针下。从 * 重复至剩余1针，1针下

第9行： 同第1行

第11行： 左上2针并1针，挂针，7针下，*挂针，右上3针并1针，挂针，7针下。从 * 重复至剩余2针，挂针，滑针右上2针并1针

第13行： 2针下，挂针，滑针右上2针并1针，3针下，*左上2针并1针，挂针，3针下，挂针，滑针右上2针并1针，3针下。从 * 重复至剩余4针，左上2针并1针，挂针，2针下

第15行： 左上2针并1针，挂针，1针下，挂针，滑针右上2针并1针，*1针下，左上2针并1针，挂针，1针下，挂针，右上3针并1针，挂针，1针下，挂针，滑针右上2针并1针。从 * 重复至剩余6针，1针下，左上2针并1针，挂针，1针下，挂针，滑针右上2针并1针

第17行： 1针下，左上2针并1针，挂针，5针下，*挂针，滑针右上2针并1针，1针下，左上2针并1针，挂针，5针下。从 * 重复至剩余3针，挂针，滑针右上2针并1针，1针下

第19行： 同第11行

第20行： 全下针

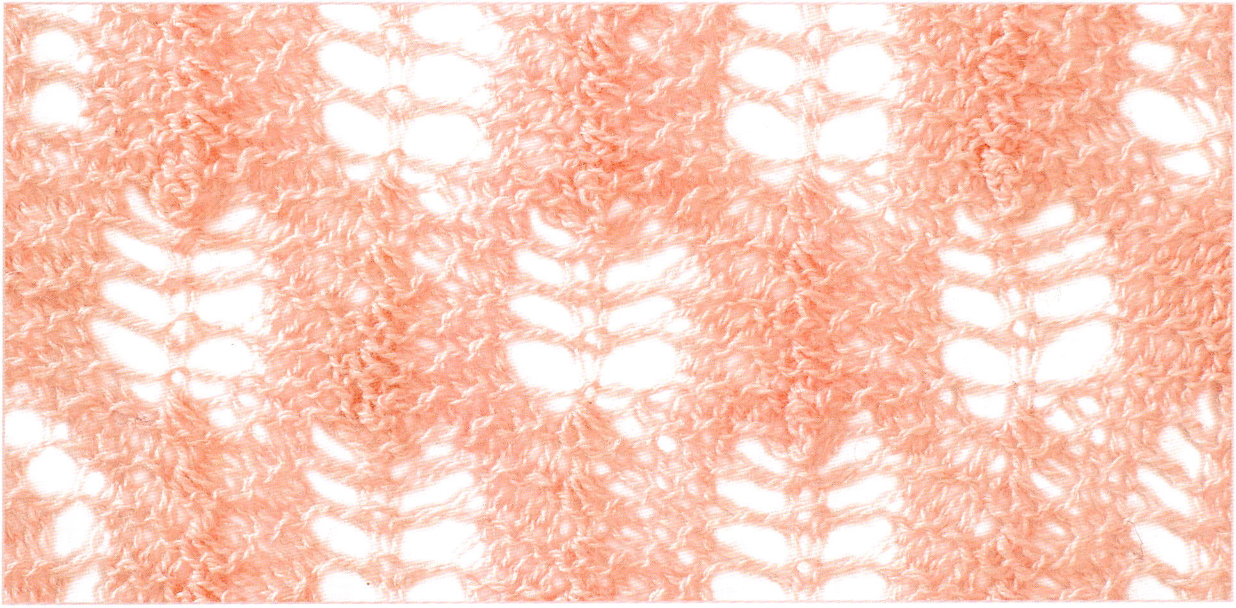

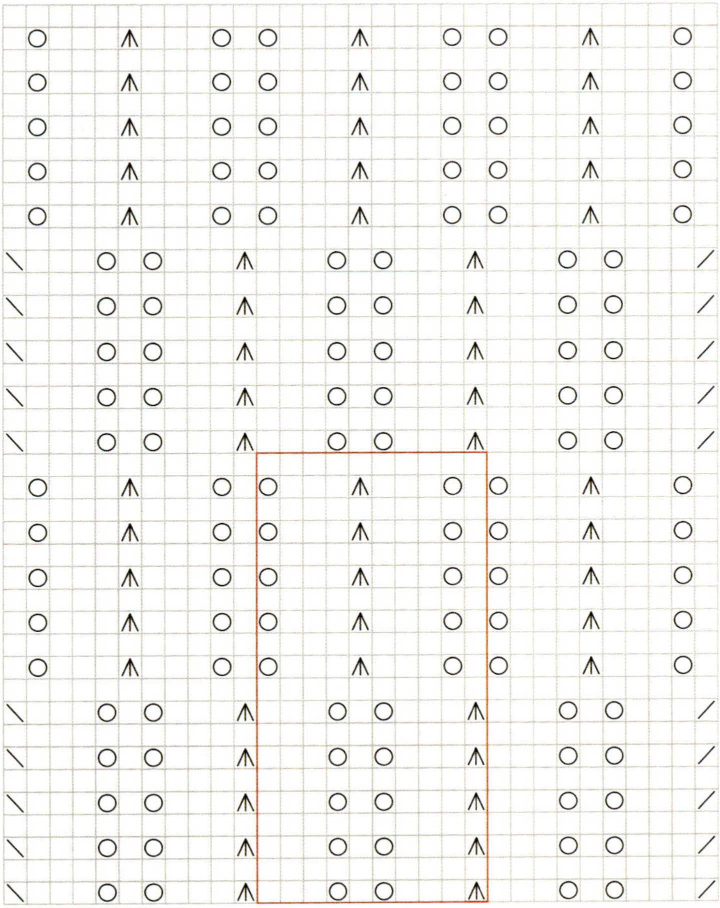

松果

▶ 满花

这款简单的图案在编织时会形成凹陷的袋状，整形后，松果的顶部会变平一些，形成圆圆的形状。注意，图案的基本行与“新贝壳”（75页）相同，第1行与“马蹄”（76页）相同。

编织方法

第1行： 左上2针并1针，3针下，挂针，*1针下，挂针，3针下，从后线圈织3针下，3针下，挂针。从 * 重复至剩余6针，1针下，挂针，3针下，滑针右上2针并1针

第2行： 全下针

第3—10行： 再重复第1—2行4次

第11行： 1针下，*挂针，3针下，从后线圈织3针下，3针下，挂针，1针下。从 * 重复至行末

第12行： 全下针

第13—20行： 再重复第11—12行4次。

10.28
+1

专心度 1

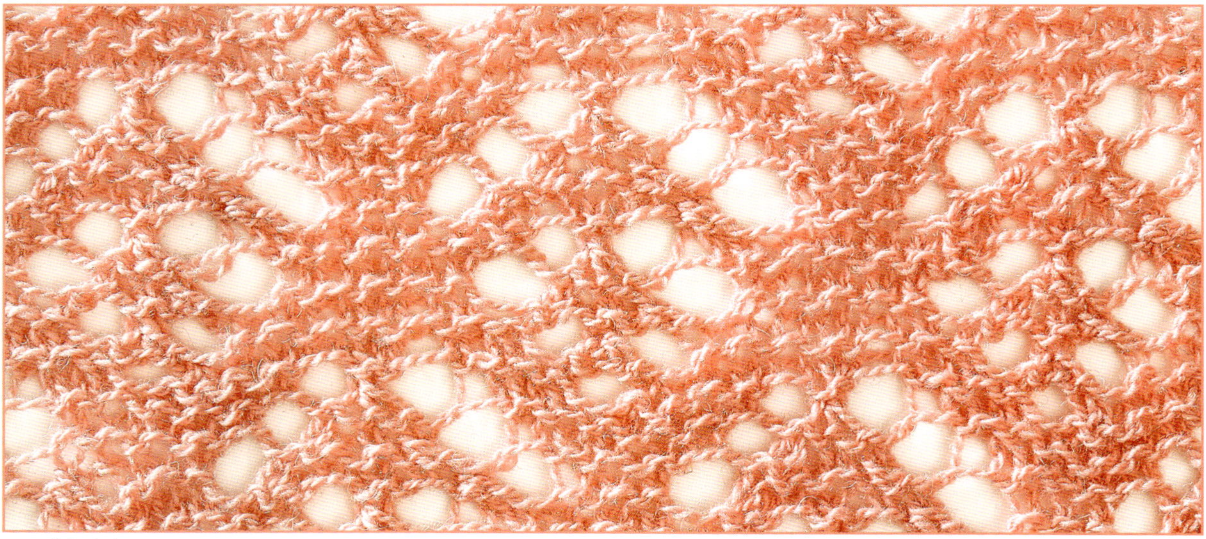

马德拉

▶ 满花

这款图案在19世纪非常流行，能在很多织物和照片中看到。它可能源自一条西班牙披肩，不过不能确定。

编织方法

第1行： *4针下，左上2针并1针，挂针，4针下。从 * 重复至剩余1针，1针下

第2行及所有交替行： 全下针

第3行： *4针下，挂针，右上3针并1针，挂针，3针下。从 * 重复至剩余1针，1针下

第5行： *3针下，挂针，滑针右上2针并1针，1针下，左上2针并1针，挂针，2针下。从 * 重复至剩余1针，1针下

第7行： 同第3行

第9行： *2针下，挂针，滑针右上2针并1针，3针下，左上2针并1针，挂针，1针下。从 * 重复至剩余1针，1针下

第11行： 同第5行

第13行： 同第3行

第15行： 5针下，*4针下，左上2针并1针，挂针，4针下。从 * 重复至剩余6针，6针下

第17行： 左上2针并1针，挂针，3针下，*4针下，挂针，右上3针并1针，挂针，3针下。从 * 重复至剩余6针，4针下，挂针，滑针右上2针并1针

第19行： 1针下，左上2针并1针，挂针，2针下，*3针下，挂针，滑针右上2针并1针，1针下，左上2针并1针，挂针，2针下。从 * 重复至剩余6针，3针下，挂针，滑针右上2针并1针，1针下

第21行： 同第17行

第23行： 2针下，左上2针并1针，挂针，1针下，*2针下，挂针，滑针右上2针并1针，3针下，左上2针并1针，挂针，1针下。从 * 重复至剩余6针，2针下，挂针，滑针右上2针并1针，2针下

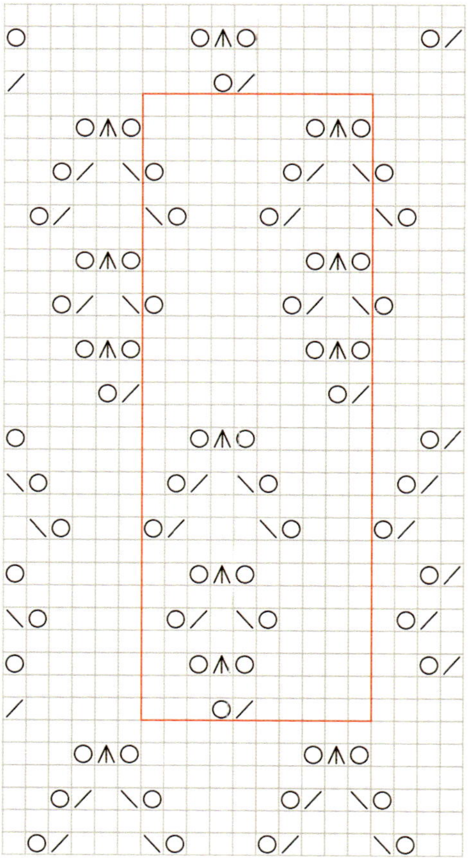

第25行： 同第19行

第27行： 同第17行

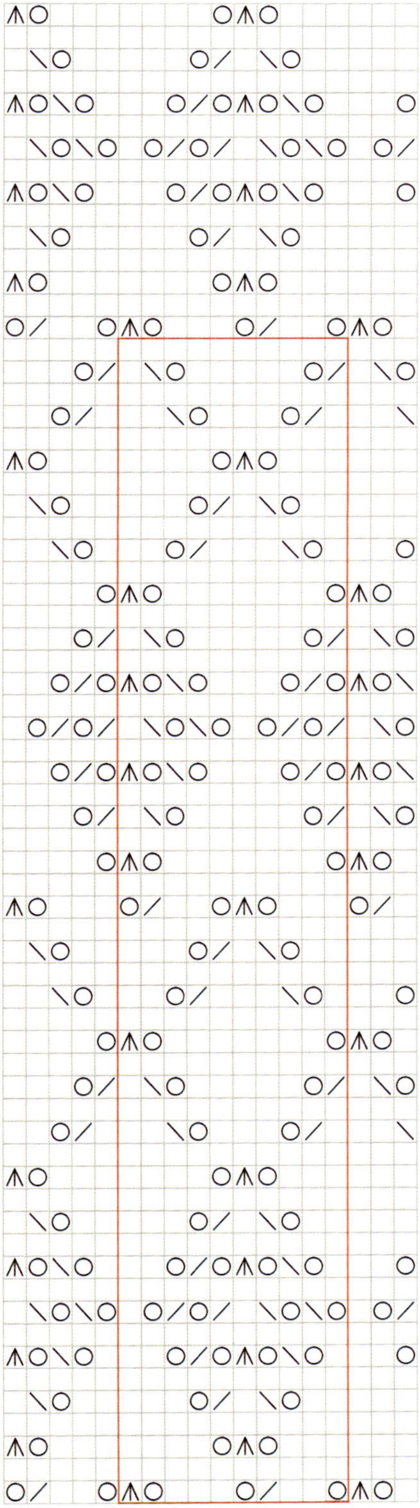

马德拉和菱形

▶ 满花

这款不对称的图案在老织物中很常见。如图所示的重复可以形成披肩中漂亮的边框。

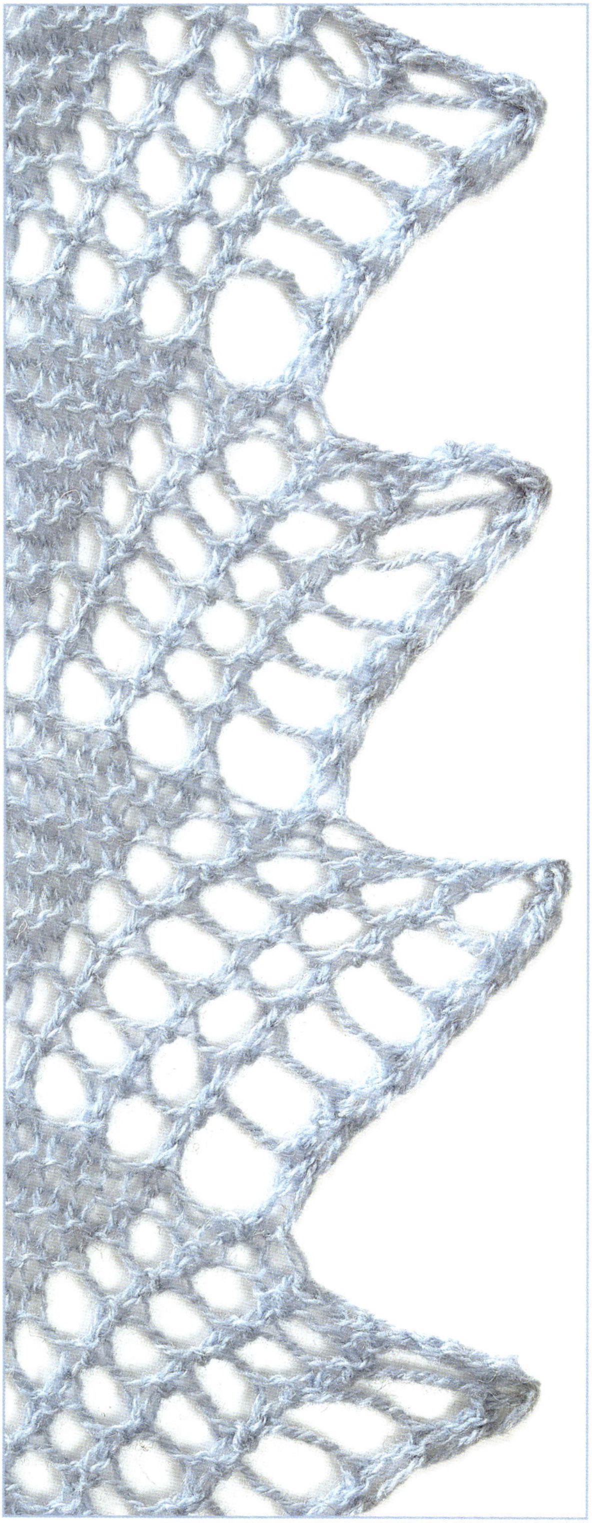

烤包花边

▶ 花边

这款老花边与“烙铁花边”（90页）不同，在它的外边缘是大的蕾丝洞，而不是单个的洞。

编织方法

第1行： 上针方向滑1针，左上2针并1针，[挂针] 2次，[左上2针并1针，挂针] 3次，2针下

第2行： 上针方向滑1针，8针下，1针上，2针下

第3行： 上针方向滑1针，左上2针并1针，[挂针] 2次，[左上2针并1针，挂针] 3次，3针下

第4行： 上针方向滑1针，9针下，1针上，2针下

第5行： 上针方向滑1针，左上2针并1针，[挂针] 2次，[左上2针并1针，挂针] 3次，4针下

第6行： 上针方向滑1针，10针下，1针上，2针下

第7行： 上针方向滑1针，左上2针并1针，[挂针] 2次，[左上2针并1针，挂针] 3次，5针下

第8行： 上针方向滑1针，11针下，1针上，2针下

第9行： 上针方向滑1针，左上2针并1针，[挂针] 2次，[左上2针并1针，挂针] 3次，6针下

第10行： 上针方向滑1针，12针下，1针上，2针下

第11行： 上针方向滑1针，左上2针并1针，[挂针] 2次，[左上2针并1针，挂针] 3次，7针下

第12行： 上针方向滑1针，13针下，1针上，2针下

第13行： 收6针，下针织到行末

第14行： 上针方向滑1针，10针下

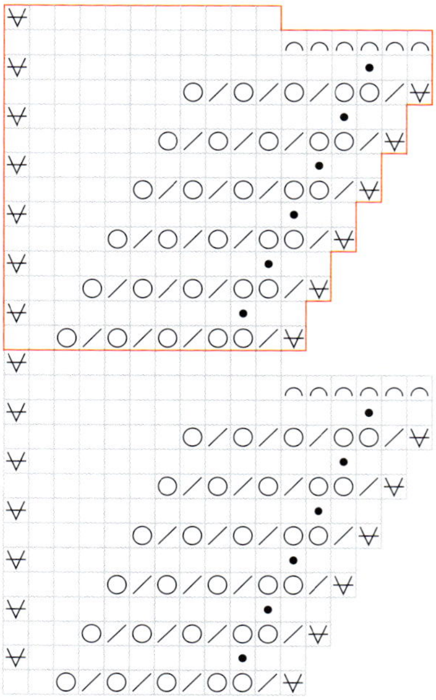

波浪花边

▶ 花边

这是“传统的扇形花边”（81页）的窄小版，如果你对交替行开头的挂针、滑针右上2针并1针不太有把握，可以用上针方向滑1针、1针下来代替。

编织方法

第1行： 3针下，挂针，滑针右上2针并1针，2针下，挂针，滑针右上2针并1针，挂针，2针下

第2行及所有交替行： 挂针，滑针右上2针并1针，下针织到行末

第3行： 2针下，[挂针，滑针右上2针并1针] 2次，2针下，挂针，滑针右上2针并1针，挂针，2针下

第5行： 3针下，[挂针，滑针右上2针并1针] 2次，2针下，挂针，滑针右上2针并1针，挂针，2针下

第7行： 2针下，[挂针，滑针右上2针并1针] 3次，2针下，挂针，滑针右上2针并1针，挂针，2针下

第9行： 2针下，[左上2针并1针，挂针] 2次，2针下，[左上2针并1针，挂针] 2次，左上2针并1针，1针下

第11行： 1针下，[左上2针并1针，挂针] 2次，2针下，[左上2针并1针，挂针] 2次，左上2针并1针，1针下

第13行： 2针下，左上2针并1针，挂针，2针下，[左上2针并1针，挂针] 2次，左上2针并1针，1针下

第15行： 1针下，左上2针并1针，挂针，2针下，[左上2针并1针，挂针] 2次，左上2针并1针，1针下

第16行： 挂针，滑针右上2针并1针，下针织到行末

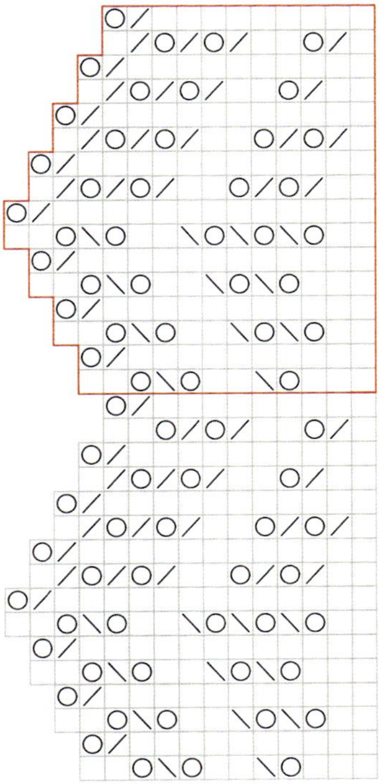

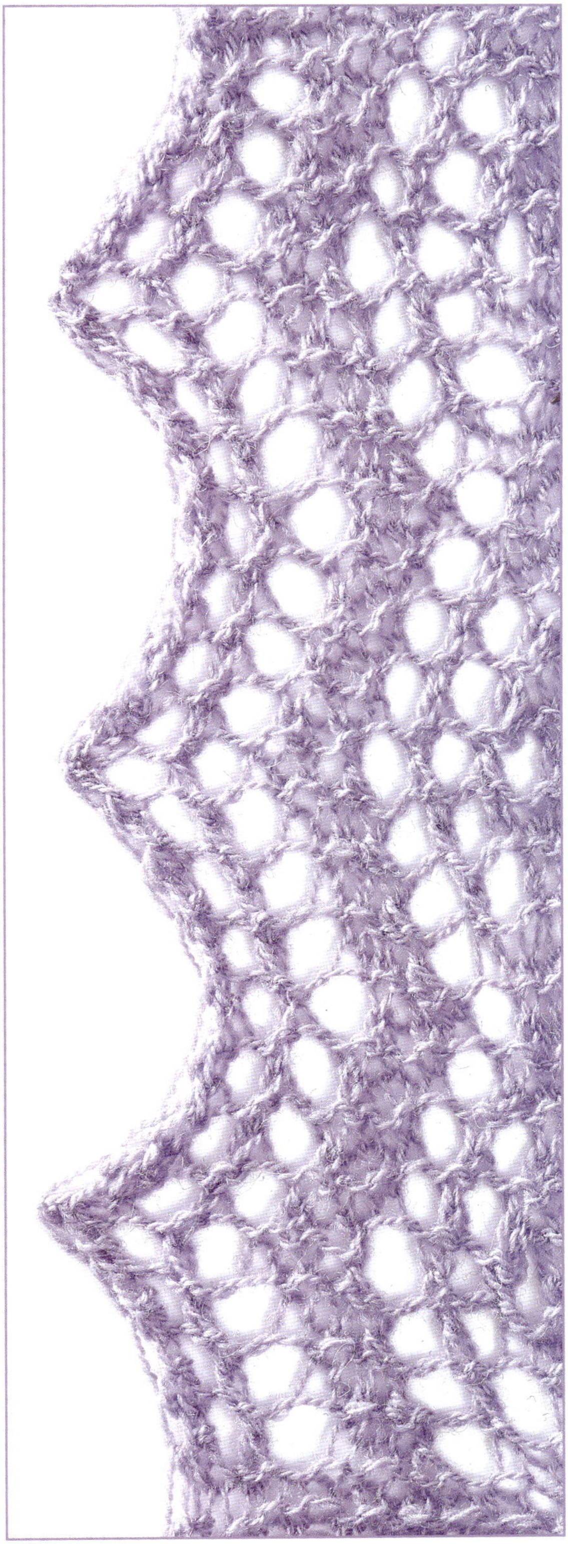

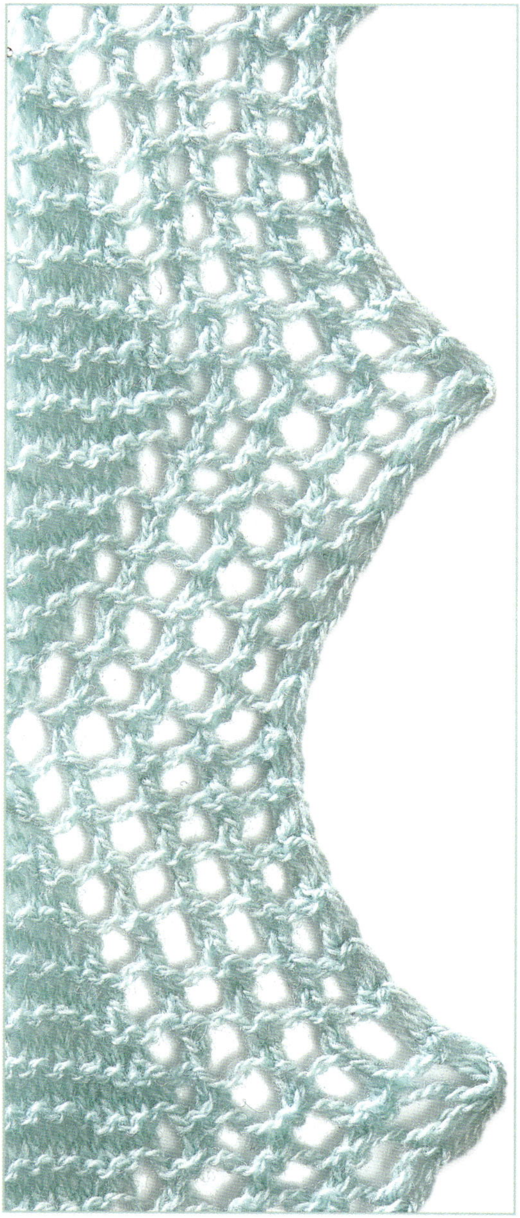

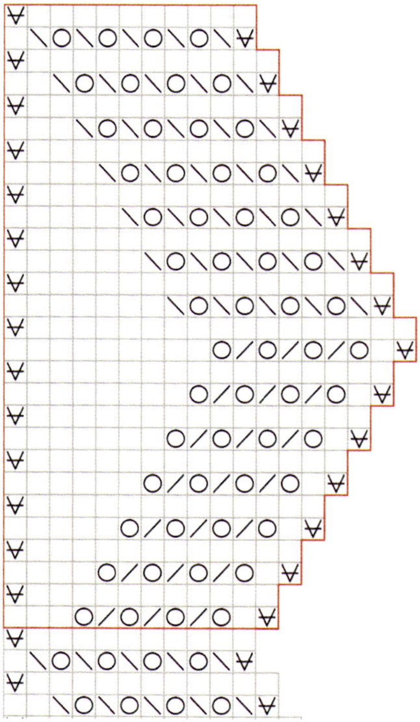

简单的范戴克

▶ 花边

这款有用的花边比较容易编织，通用性很强。图案中的行数和针数都能很容易地进行改变。

编织方法

第1行: 上针方向滑1针, 1针下, [挂针, 左上2针并1针] 3次, 挂针, 3针下

第2行及所有交替行: 上针方向滑1针, 下针织到行末

第3行: 上针方向滑1针, 1针下, [挂针, 左上2针并1针] 3次, 挂针, 4针下

第5行: 上针方向滑1针, 1针下, [挂针, 左上2针并1针] 3次, 挂针, 5针下

第7行: 上针方向滑1针, 1针下, [挂针, 左上2针并1针] 3次, 挂针, 6针下

第9行: 上针方向滑1针, 1针下, [挂针, 左上2针并1针] 3次, 挂针, 7针下

第11行: 上针方向滑1针, 1针下, [挂针, 左上2针并1针] 3次, 挂针, 8针下

第13行: 上针方向滑1针, 1针下, [挂针, 左上2针并1针] 3次, 挂针, 9针下

第15行: 上针方向滑1针, [滑针右上2针并1针, 挂针] 4次, 滑针右上2针并1针, 7针下

第17行: 上针方向滑1针, [滑针右上2针并1针, 挂针] 4次, 滑针右上2针并1针, 6针下

第19行: 上针方向滑1针, [滑针右上2针并1针, 挂针] 4次, 滑针右上2针并1针, 5针下

第21行: 上针方向滑1针, [滑针右上2针并1针, 挂针] 4次, 滑针右上2针并1针, 4针下

第23行: 上针方向滑1针, [滑针右上2针并1针, 挂针] 4次, 滑针右上2针并1针, 3针下

第25行: 上针方向滑1针, [滑针右上2针并1针, 挂针] 4次, 滑针右上2针并1针, 2针下

第27行: 上针方向滑1针, [滑针右上2针并1针, 挂针] 4次, 滑针右上2针并1针, 1针下

第28行: 上针方向滑1针, 下针织到行末

塞浦路斯花边

▶ 花边

这是一款需要用心的老图案。开始织之前，要先研究一下图谱。不过，花边秀丽的效果不会让你的心血白费。用细线织效果更好。

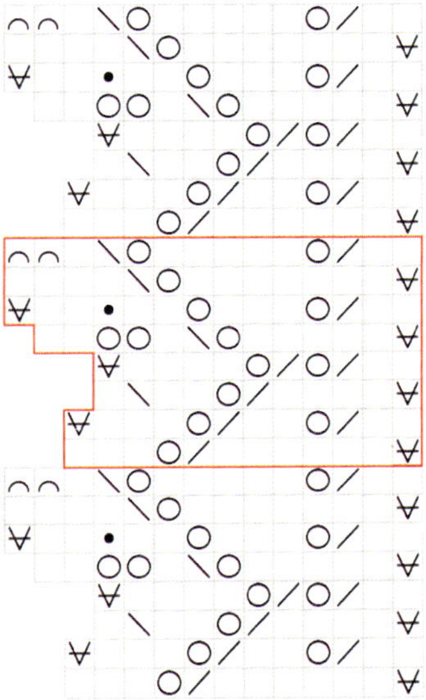

搭配展示（从上向下）：
塞浦路斯花边，89页
裂缝1，52页
珠子饰带，63页
裂缝1，52页
大菱形，66页

了解更多的图案搭配，可参见42页。

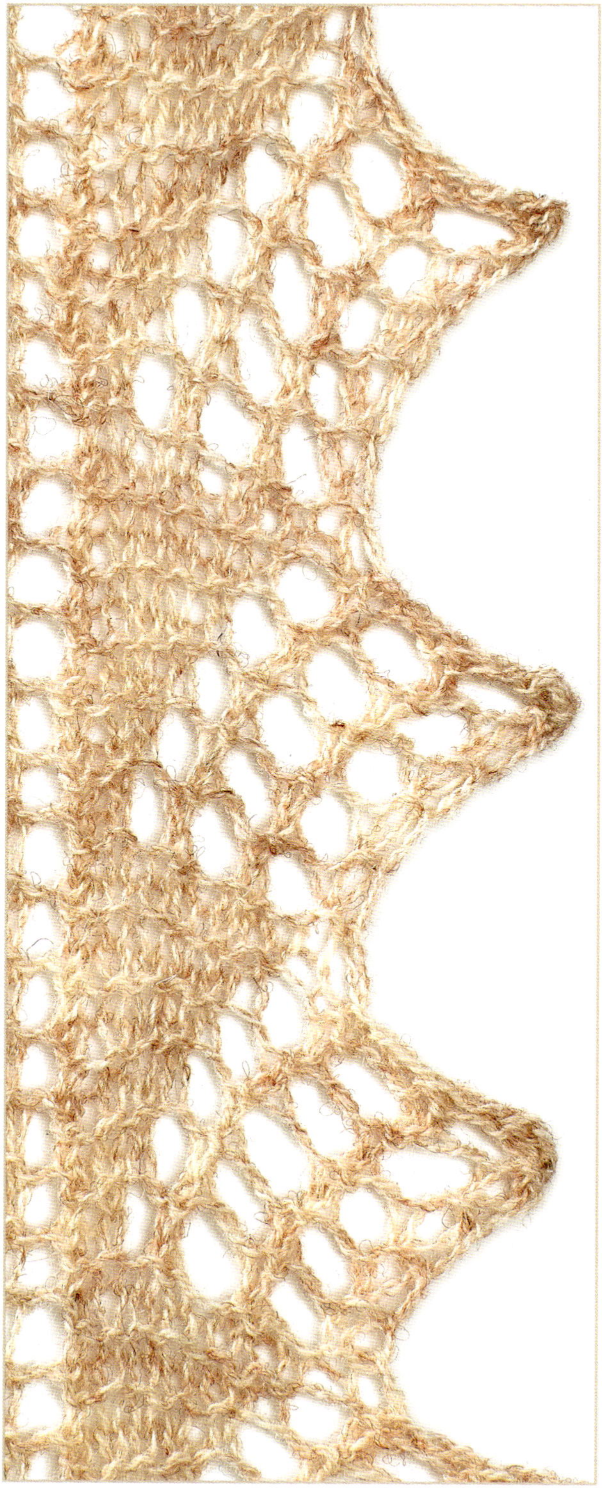

烙铁花边

花边

这是一款普通的老图案，非常有用。这是可以用任何粗细的毛线编织的最简单的花边之一。

编织方法

第1行： 上针方向滑1针, 1针下, [挂针, 左上2针并1针] 2次, 挂针, 1针下, 左上2针并1针, 挂针, 3针下

第2行及所有交替行： 上针方向滑1针, 下针织到行末

第3行： 上针方向滑1针, 1针下, [挂针, 左上2针并1针] 2次, 挂针, 2针下, 左上2针并1针, 挂针, 3针下

第5行： 上针方向滑1针, 1针下, [挂针, 左上2针并1针] 2次, 挂针, 3针下, 左上2针并1针, 挂针, 3针下

第7行： 上针方向滑1针, 1针下, [挂针, 左上2针并1针] 2次, 挂针, 4针下, 左上2针并1针, 挂针, 3针下

第9行： 上针方向滑1针, 1针下, [挂针, 左上2针并1针] 2次, 挂针, 5针下, 左上2针并1针, 挂针, 3针下

第11行： 收5针, 7针下, 左上2针并1针, 挂针, 3针下

第12行： 上针方向滑1针,下针织到行末

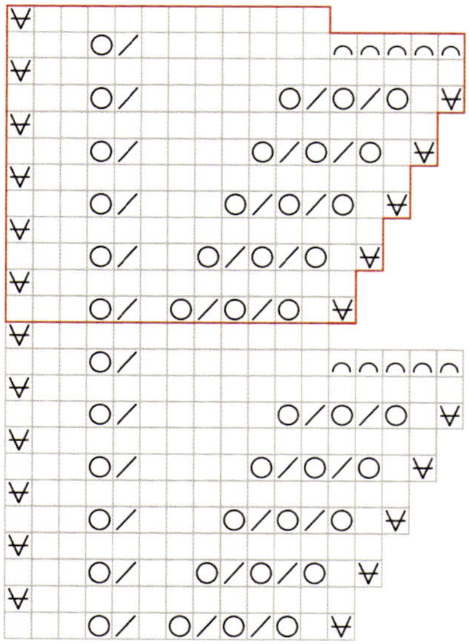

菱形格

▶ 满花

观察一下图案中挂针形成的条纹，你就会明白如何用挂针形成更多的条纹，或更长的Z字形。

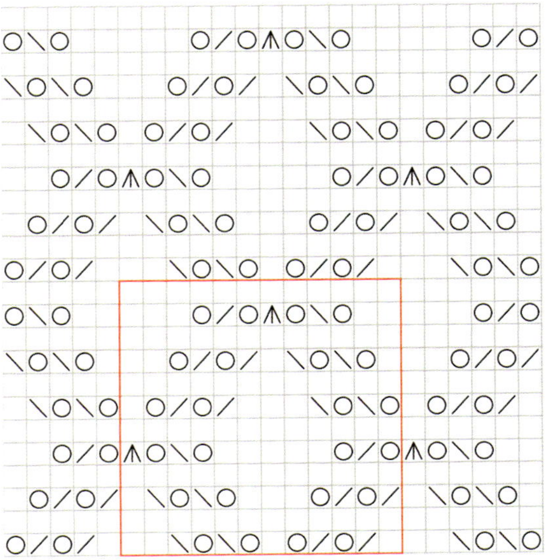

编织方法

第1行： 1针下，*1针下，[左上2针并1针，挂针] 2次，1针下，[挂针，滑针右上2针并1针] 2次，2针下。从 * 重复至行末

第2行及所有交替行： 全下针

第3行： 1针下，*[左上2针并1针，挂针] 2次，3针下，[挂针，滑针右上2针并1针] 2次，1针下。从 * 重复至行末

第5行： 左上2针并1针，*挂针，左上2针并1针，挂针，5针下，挂针，滑针右上2针并1针，挂针，右上3针并1针。从 * 重复至剩余11针，挂针，左上2针并1针，挂针，5针下，[挂针，滑针右上2针并1针] 2次

第7行： 1针下，*[挂针，滑针右上2针并1针] 2次，3针下，[左上2针并1针，挂针] 2次，1针下。从 * 重复至行末

第9行： 1针下，*1针下，[挂针，滑针右上2针并1针] 2次，1针下，[左上2针并1针，挂针] 2次，2针下。从 * 重复至行末

第11行： 1针下，*2针下，挂针，滑针右上2针并1针，挂针，右上3针并1针，挂针，左上2针并1针，挂针，3针下。从 * 重复至行末

第12行： 全下针

专心度 1

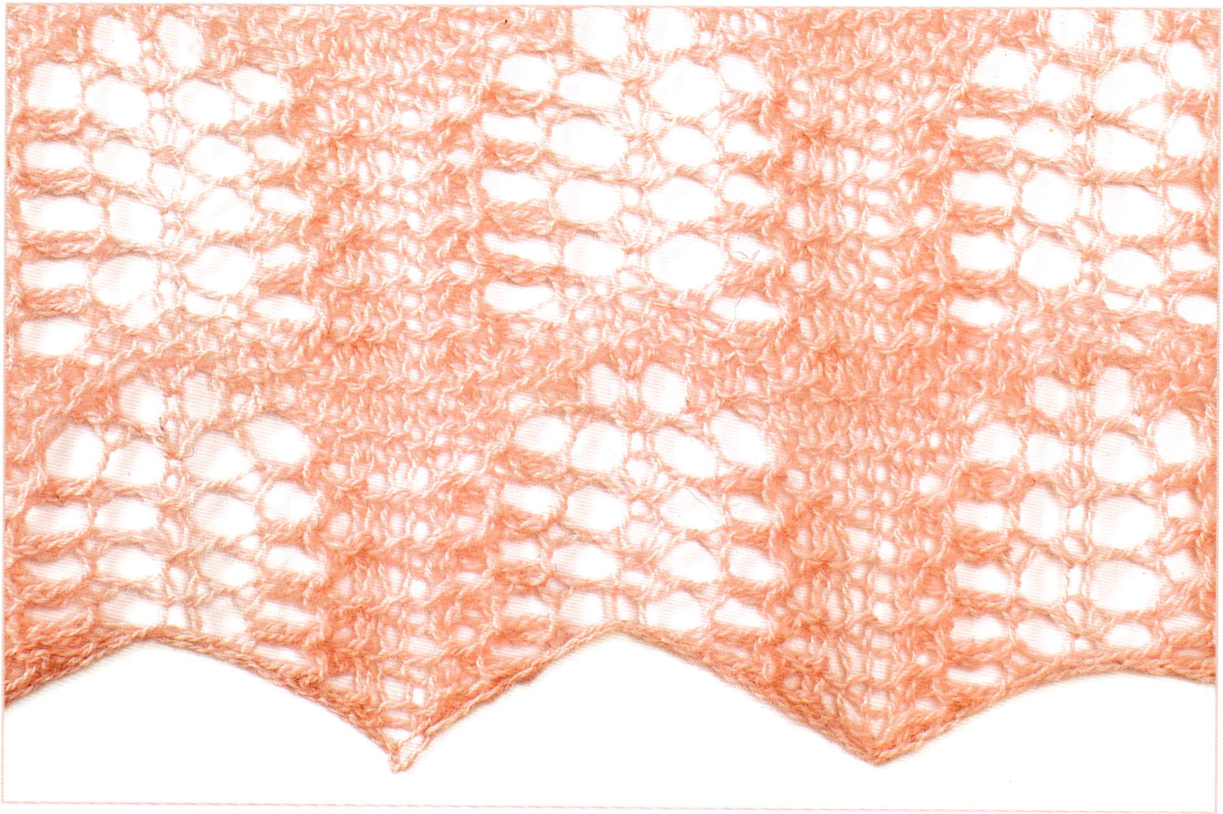

波峰

▶ 满花

这是一款边缘呈扇形的漂亮图案，可以代替“老石头”用作披肩的边框。还可以把第1—10行在全下针背景下编织，第11—14行在起伏针背景下编织。

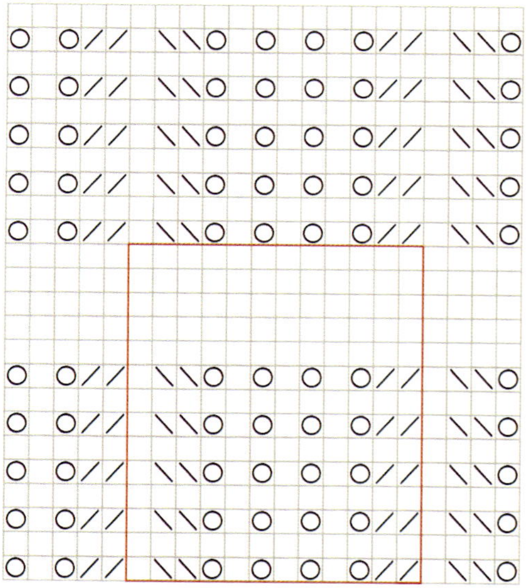

编织方法

第1行： *1针下，左上2针并1针2次，[挂针，1针下] 3次，挂针，滑针右上2针并1针2次。从 * 重复至剩余1针，1针下

第2行： 全下针

第3—10行： 再重复第1—2行4次

第11—14行： 全下针

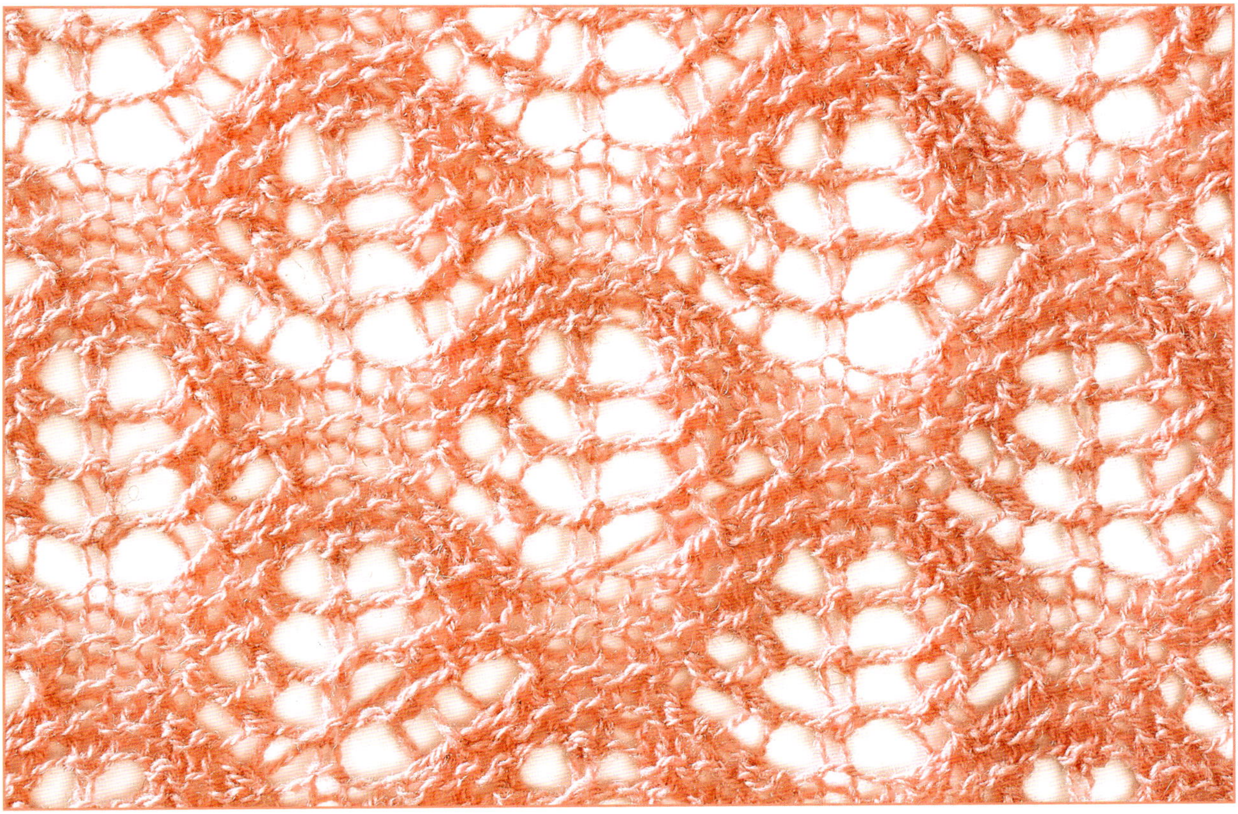

小树

▶ 满花

树可以有各种尺寸。这里它们交错排列，相隔不远。树的大小和间隔可以根据需要调整。

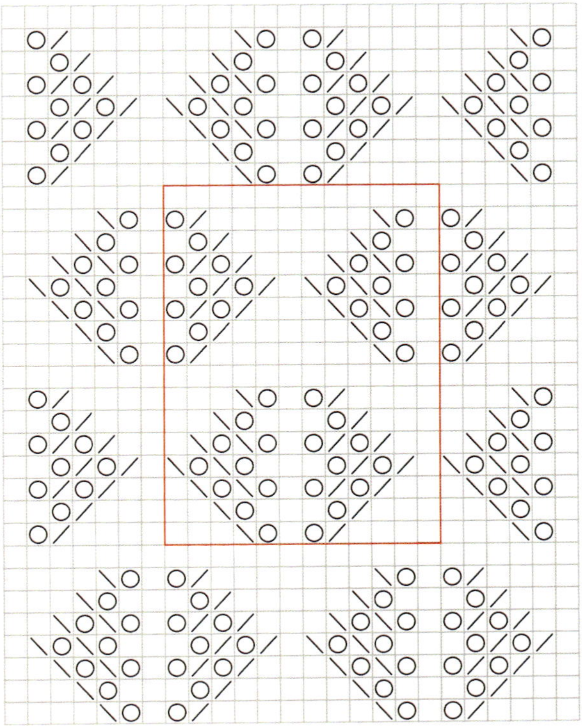

专心度 2

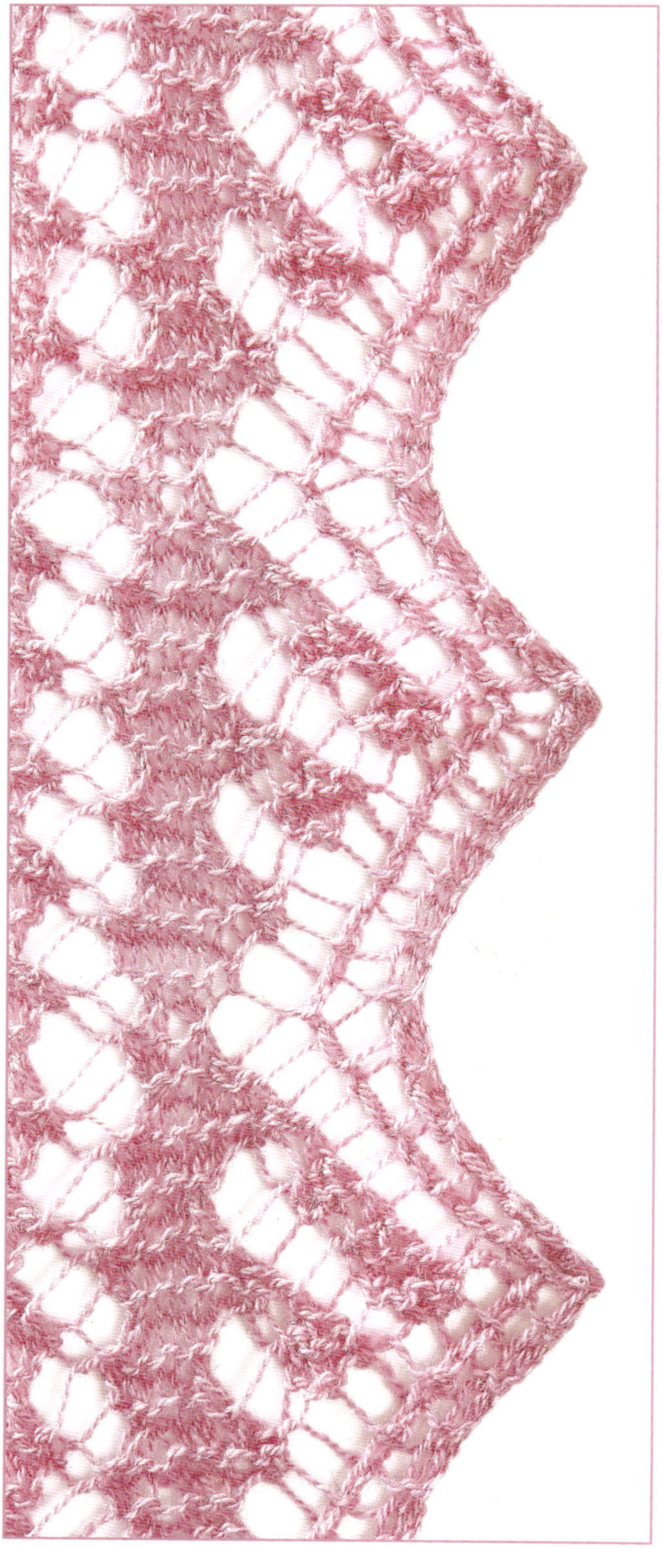

女王的花边

▶ 花边

这款老图案有着长长的尖角，用作花边很可爱，适合用于有Z字形或菱形设计的披肩中。

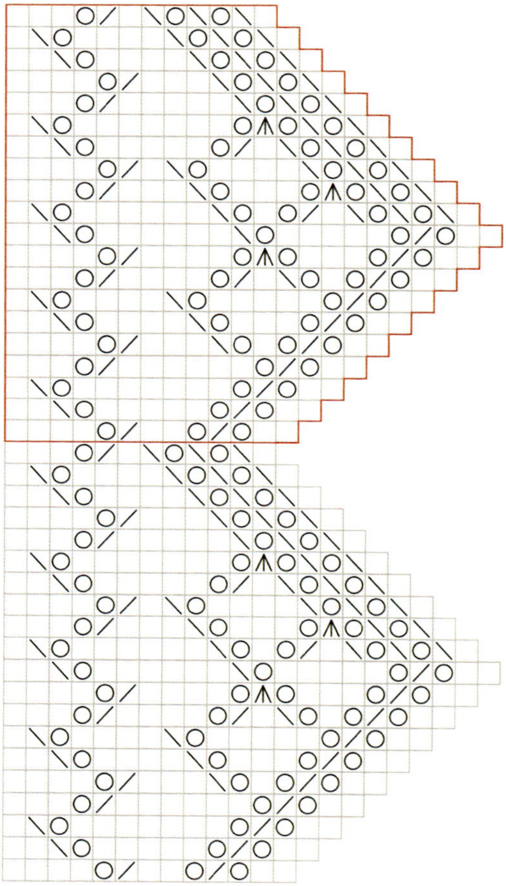

专心度 2

13.8

珠子堆

▶ 图形*

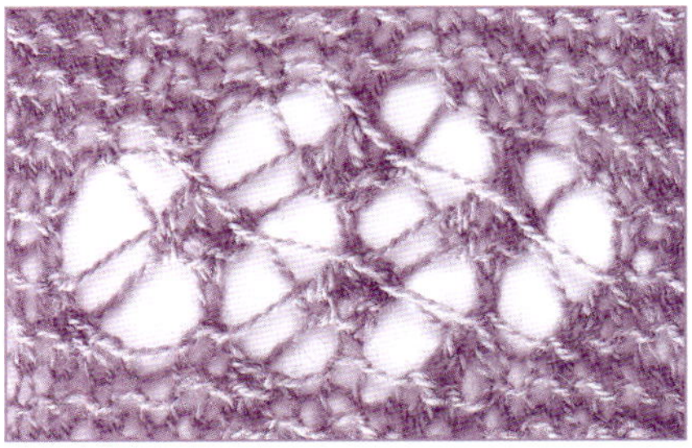

这是另一款可以根据需要织大一些的图形。它可以织成漂亮的边框。

编织方法

第1行: 4针下, 左上2针并1针, 挂针, 1针下, 挂针, 滑针右上2针并1针, 4针下

第2行: 3针下, 左上2针并1针, 挂针, 3针下, 挂针, 滑针右上2针并1针, 3针下

第3行: [1针下, 左上2针并1针, 挂针, 1针下, 挂针, 滑针右上2针并1针] 2次, 1针下

第4行: 左上2针并1针, 挂针, 3针下, 挂针, 右上3针并1针, 挂针, 3针下, 挂针, 滑针右上2针并1针

第5行: [1针下, 挂针, 滑针右上2针并1针, 1针下, 左上2针并1针, 挂针] 2次, 1针下

第6行: [2针下, 挂针, 右上3针并1针, 挂针, 1针下] 2次, 1针下

第7行: 4针下, 挂针, 滑针右上2针并1针, 1针下, 左上2针并1针, 挂针, 4针下

第8行: 5针下, 挂针, 右上3针并1针, 挂针, 5针下

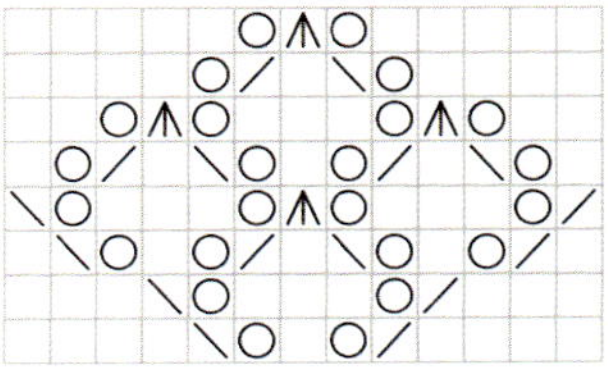

*与59页的满花、63页的饰带、108页的花边有相同的特点。

专心度 2

13.16

玫瑰束

▶ 图形

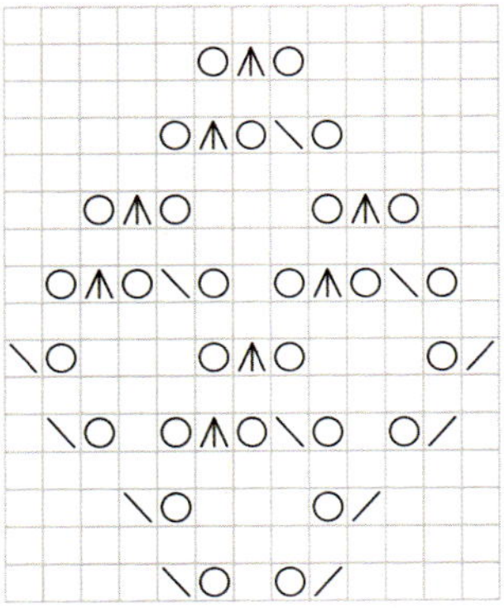

在这里，把玫瑰图形连在一起，形成了一束花。可以很方便地通过增加片段来扩大尺寸。

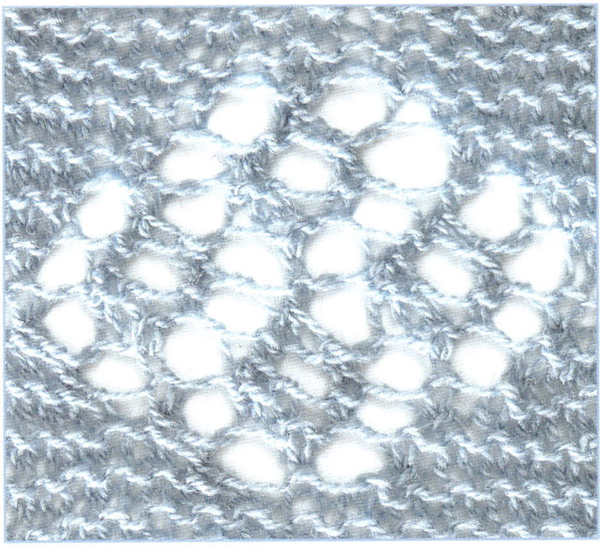

编织方法

第1行: 4针下, 左上2针并1针, 挂针, 1针下, 挂针, 滑针右上2针并1针, 4针下

第2行及所有交替行: 全下针

第3行: 3针下, 左上2针并1针, 挂针, 3针下, 挂针, 滑针右上2针并1针, 3针下

第5行: 1针下, 左上2针并1针, 挂针, 1针下, 挂针, 滑针右上2针并1针, 挂针, 右上3针并1针, 挂针, 1针下, 挂针, 滑针右上2针并1针, 1针下

第7行: 左上2针并1针, 挂针, 3针下, 挂针, 右上3针并1针, 挂针, 3针下, 挂针, 滑针右上2针并1针

第9行: [1针下, 挂针, 滑针右上2针并1针, 挂针, 右上3针并1针, 挂针] 2次, 1针下

第11行: [2针下, 挂针, 右上3针并1针, 挂针, 1针下] 2次, 1针下

第13行: 4针下, 挂针, 滑针右上2针并1针, 挂针, 右上3针并1针, 挂针, 4针下

第15行: 5针下, 挂针, 右上3针并1针, 挂针, 5针下

第16行: 全下针

专心度 2

蕨草

▶ 满花

这款图案放在织物的平针区域和蕾丝之间，使两者形成鲜明的对比。

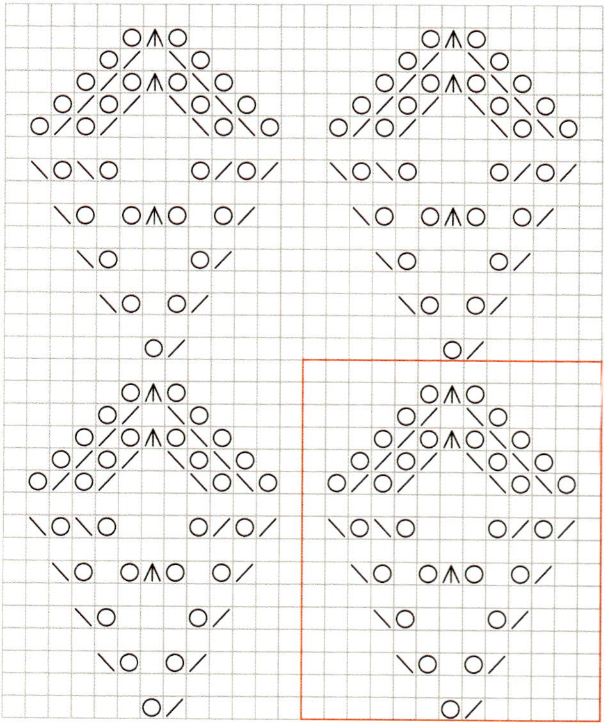

编织方法

第1行： *5针下，左上2针并1针，挂针，6针下。从*重复至行末

第2、4、6、8、10行： 全下针

第3行： *4针下，左上2针并1针，挂针，1针下，挂针，滑针右上2针并1针，4针下。从*重复至行末

第5行： *3针下，左上2针并1针，挂针，3针下，挂针，滑针右上2针并1针，3针下。从*重复至行末

第7行： *2针下，左上2针并1针，挂针，1针下，挂针，右上3针并1针，挂针，1针下，挂针，滑针右上2针并1针，2针下。从*重复至行末

第9行： *1针下，[左上2针并1针，挂针] 2次，3针下，[挂针，滑针右上2针并1针] 2次，1针下

第11行： *1针下，[挂针，滑针右上2针并1针] 2次，3针下，[左上2针并1针，挂针] 2次，1针下。从*重复至行末

第12行： *2针下，[挂针，滑针右上2针并1针] 2次，1针下，[左上2针并1针，挂针] 2次，2针下。从*重复至行末

第13行： *3针下，挂针，滑针右上2针并1针，挂针，右上3针并1针，挂针，左上2针并1针，挂针，3针下。从*重复至行末

第14行： *4针下，挂针，滑针右上2针并1针，1针下，左上2针并1针，挂针，4针下。从*重复至行末

第15行： *5针下，挂针，右上3针并1针，挂针，5针下。从*重复至行末

第16行： 全下针

显示为原大的75%

六角形框及其哥哥妹妹

▶ 图形

“哥哥”（中间的图案）和“妹妹”（右边的图案）都是著名的图案，常常交替用于披肩的边框或围巾的两端。如果仔细观察，你会看出“哥哥”的六角形框中的图案是“复杂的网图形”（74页），“妹妹”则是“珠子饰带”（63页）。注意，尽管在图谱中中间的图案看起来太往下了，不过织出来后则会出现在六角形框的中央。六角形框中可以放入其他的设计元素，由于大小固定，所以能很方便地替代。

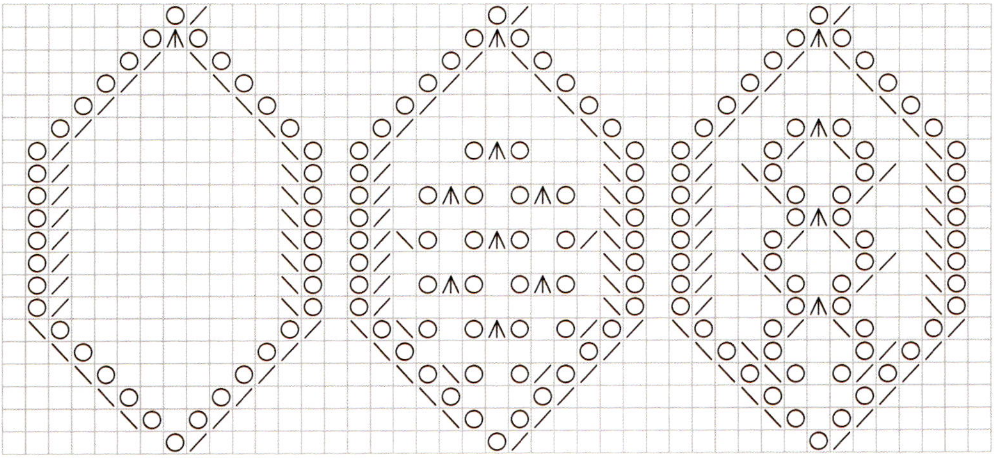

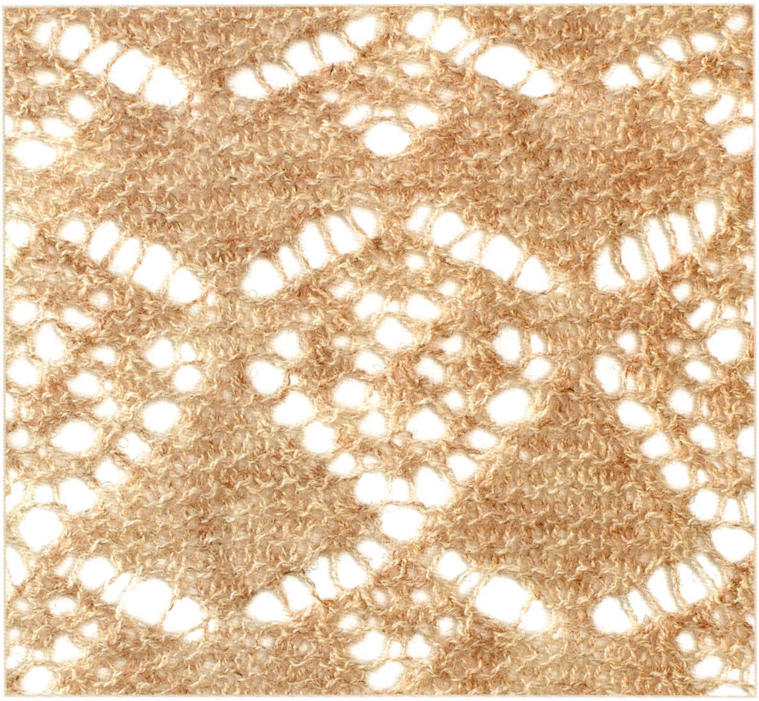

显示为原大的60%

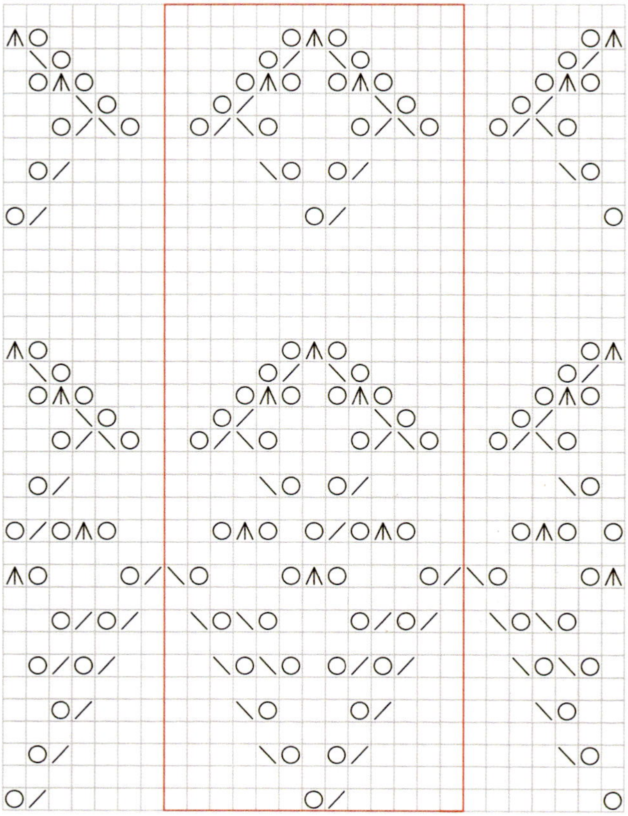

花瓶

图形

这款图案是我在设得兰博物及档案馆里的一张披肩的照片上发现的。它用于披肩或围巾的端头效果很好，织起来也很简单。

编织方法

第1行： *5针下，左上2针并1针，挂针，6针下。从 * 重复至行末

第2、4、6、8、10、12、14、16行： 全下针

第3行： *4针下，左上2针并1针，挂针，1针下，挂针，滑针右上2针并1针，4针下。从 * 重复至行末

第5行： *3针下，左上2针并1针，挂针，3针下，挂针，滑针右上2针并1针，3针下。从 * 重复至行末

第7行： *2针下，[左上2针并1针，挂针] 2次，1针下，[挂针，滑针右上2针并1针] 2次，2针下。从 * 重复至行末

第9行： *1针下，[左上2针并1针，挂针] 2次，3针下，[挂针，滑针右上2针并1针] 2次，1针下。从 * 重复至行末

第11行： *左上2针并1针，挂针，3针下，挂针,右上3针并1针，挂针，3针下，挂针，滑针右上2针并1针。从 * 重复至行末

第13行： *2针下，挂针，右上3针并1针，挂针，左上2针并1针，挂针，1针下，挂针，右上3针并1针，挂针，2针下。从 * 重复至行末

第15行： 同第3行

第17行： *1针下，挂针，滑针右上2针并1针，左上2针并1针，挂针，3针下，挂针，滑针右上2针并1针，左上2针并1针，挂针，1针下。从 * 重复至行末

第18行： *2针下，挂针，滑针右上2针并1针，5针下，左上2针并1针，挂针，2针下。从 * 重复至行末

第19行： *3针下，挂针，右上3针并1针，挂针，1针下，挂针，右上3针并1针，挂针，3针下。从 * 重复至行末

第20行： *4针下，挂针，滑针右上2针并1针，1针下，左上2针并1针，挂针，4针下。从 * 重复至行末

第21行： *5针下，挂针，右上3针并1针，挂针，5针下。从 * 重复至行末

第22—26行： 全下针

第27行： 同第1行

第28—36行： 同第14—22行

羽毛和扇子

▶ 满花

这是设得兰人称为“羽毛和扇子”的花样。它比“老石头”（109页）的减针更陡，形成了更尖的扇形。

编织方法

第1行： *1针下，左上4针并1针，[挂针，1针下]5次，挂针，右上4针并1针。从 * 重复至剩余1针，1针下

第2—4行： 全下针

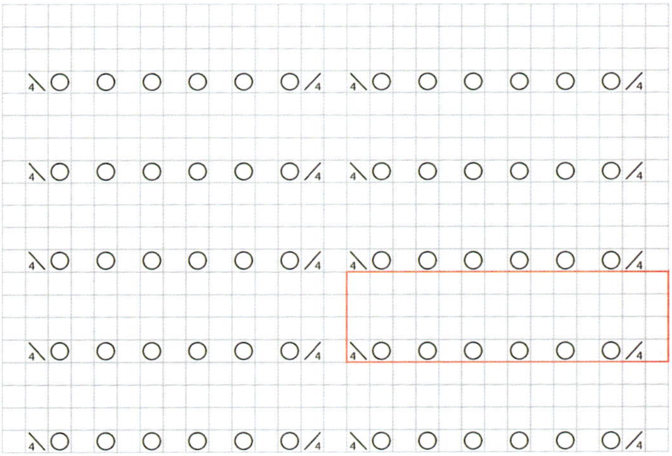

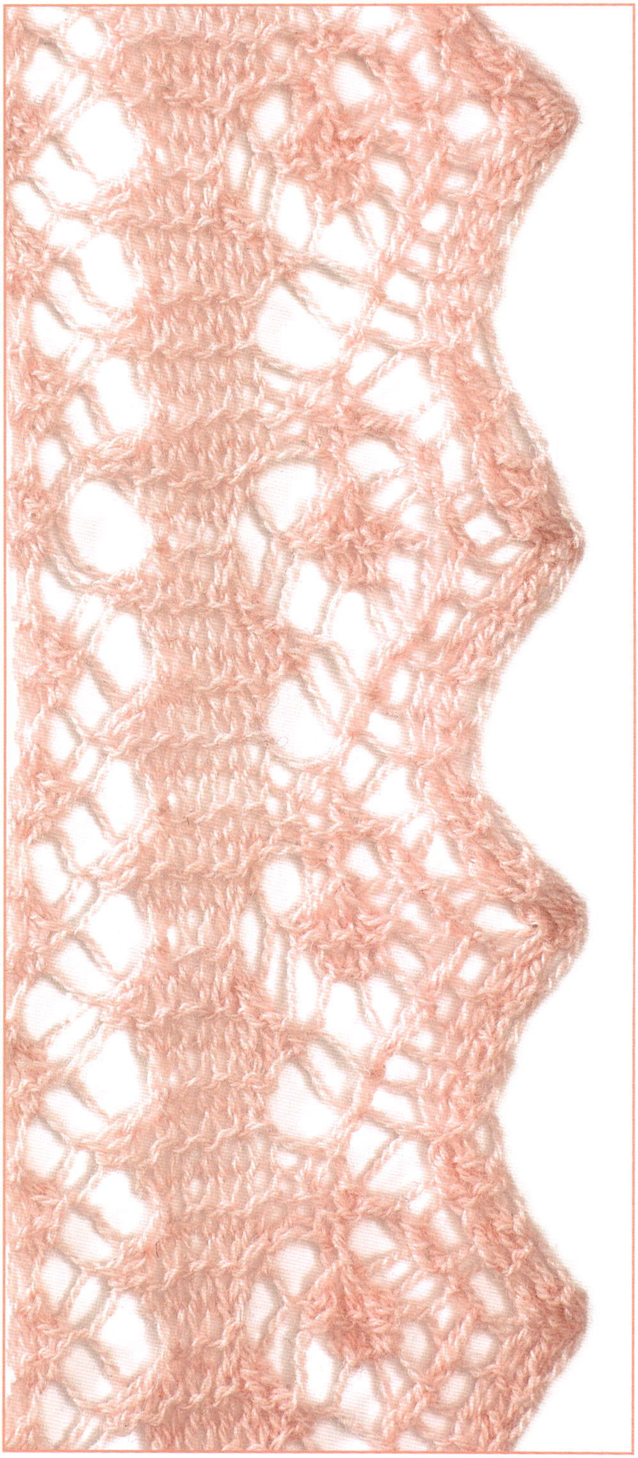

先生的花边

花边

这款花边是“女王的花边”（94页）的缩小版。用细线织效果最好。注意，里侧的7针形成了一条饰带，所以这款图案可以兼做饰带。

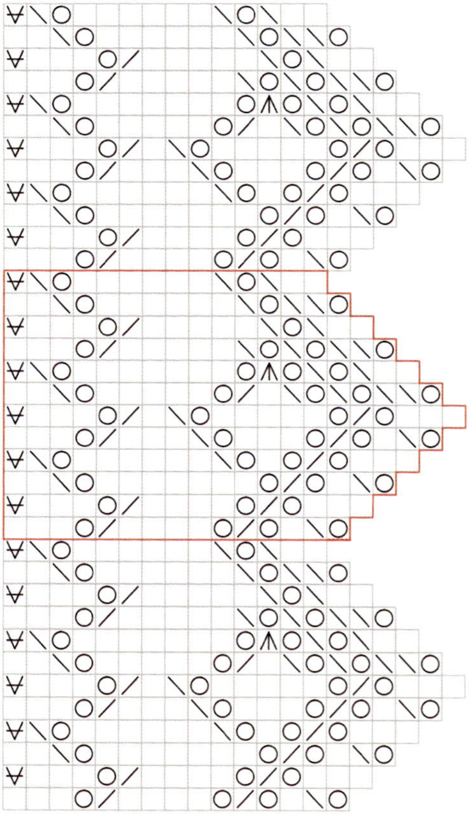

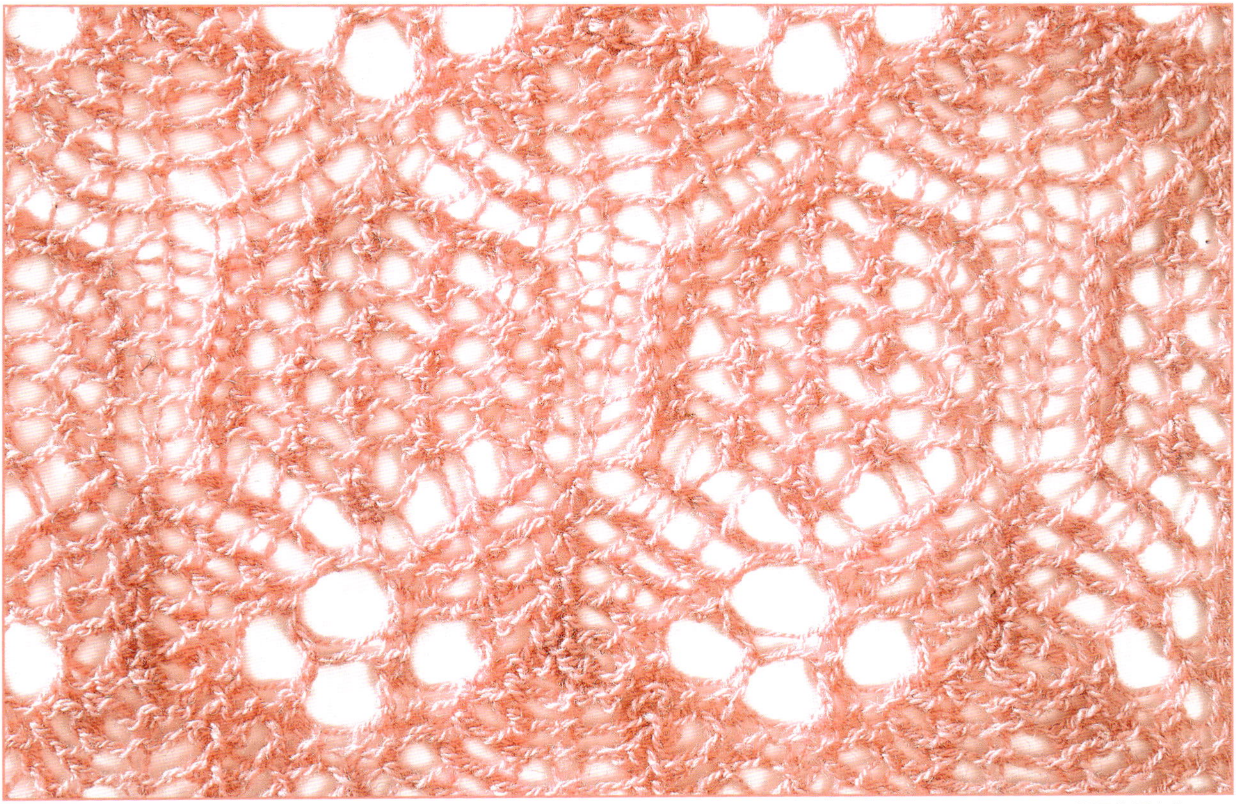

显示为原大的75%

迷惑

▶ 满花

这是用于非常精致的安斯特披肩中心的图案，乍一看，让人心生畏惧，不过，如果把它分开，每一部分都很简单。这个图案重复一次只有14针，这个频率很容易记，只有几行需要特别留意。

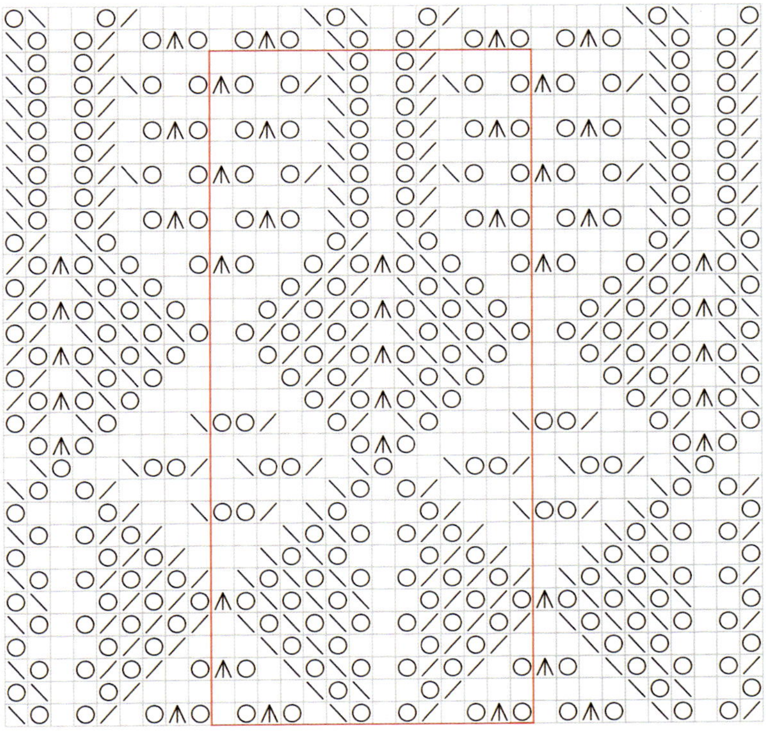

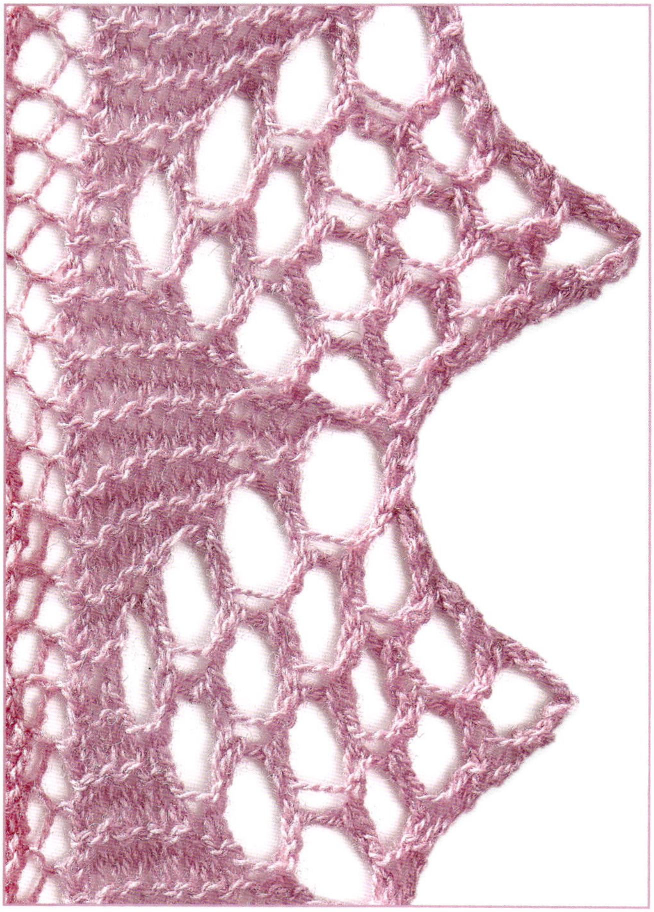

滴状花边

▶ 花边

这是一款传统的花边图案，在设计中是其他蕾丝洞图案的理想搭配。注意，梯子饰带是这款花边的一部分。

编织方法

第1行： 10针下，左上2针并1针，挂针，3针下

第2行： 1针下，左上2针并1针，挂针，11针下，加1针（1针下，1针上）

第3行： 加1针（1针下，1针上），左上2针并1针，挂针，挂针，滑针右上2针并1针，6针下，左上2针并1针，挂针，3针下

第4行： 1针下，左上2针并1针，挂针，10针下，1针上，2针下，加1针（1针下，1针上）

第5行： 加1针（1针下，1针上），[左上2针并1针，挂针，挂针，滑针右上2针并1针] 2次，4针下，左上2针并1针，挂针，3针下

第6行： 1针下，左上2针并1针，挂针，8针下，1针上，3针下，1针上，2针下，加1针（1针下，1针上）

第7行： 加1针（1针下，1针上），[左上2针并1针，挂针，挂针，滑针右上2针并1针] 3次，2针下，左上2针并1针，挂针，3针下

第8行： 1针下，左上2针并1针，挂针，6针下，[1针上，3针下] 3次

第9行： [左上2针并1针，挂针，挂针，滑针右上2针并1针] 4次，左上2针并1针，挂针，3针下

第10行： 1针下，左上2针并1针，挂针，4针下，[1针上，3针下] 3次，1针上，1针下

第11行： 滑针右上2针并1针，[左上2针并1针，挂针，挂针，滑针右上2针并1针] 3次，2针下，左上2针并1针，挂针，3针下

第12行： 1针下，左上2针并1针，挂针，6针下，[1针上，3针下] 2次，1针上，左上2针并1针

第13行： 滑针右上2针并1针，[左上2针并1针，挂针，挂针，滑针右上2针并1针] 2次，4针下，左上2针并1针，挂针，3针下

第14行： 1针下，左上2针并1针，挂针，8针下，1针上，3针下，1针上，左上2针并1针

第15行： 滑针右上2针并1针，左上2针并1针，挂针，挂针，滑针右上2针并1针，6针下，左上2针并1针，挂针，3针下

第16行： 1针下，左上2针并1针，挂针，10针下，1针上，左上2针并1针

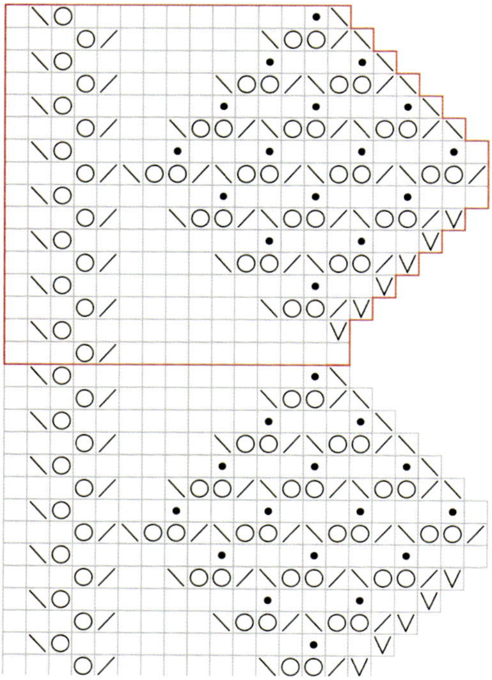

专心度 3 16.8

维多利亚Z字形花边

▶ 花边

这是一款用于很多设得兰织物中的老图案。观察一下图案，你就能看出，它可以被分为条形、Z字形饰带和带洞的边缘几部分。Z字形可单独使用。

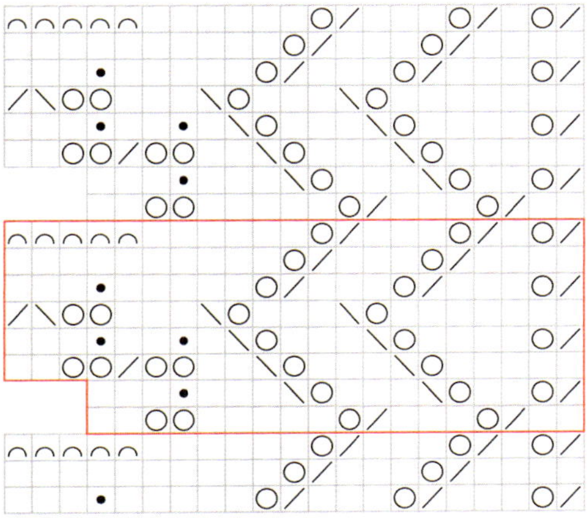

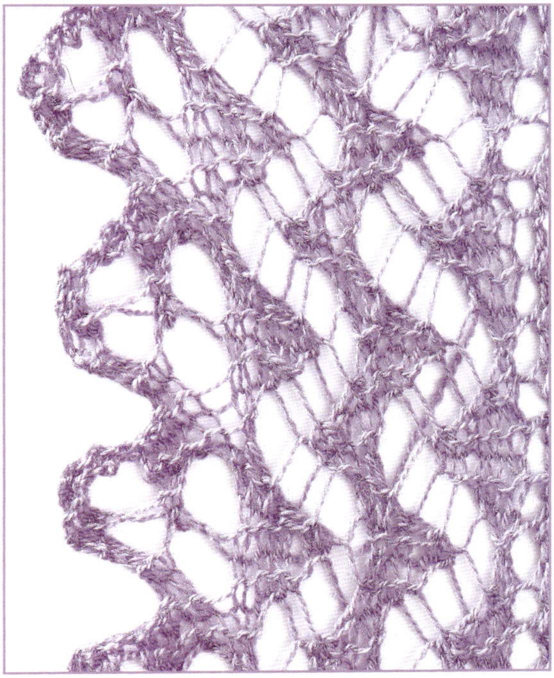

显示为原大的75%

蕾丝洞

专心度 1 16.14

▶ 图形*

这款小图形有很多使用的方式。双挂针形成了一个大的洞，可以向需要的方向展开。注意，在第2行，第2个挂针处通常是织上针。这样会形成比较整齐的洞。如果觉得2个挂针形成的洞太大了，只织1个——不过要记着拐回来的行中要在这一个挂针中织1个下针和1个上针。

*与54页的饰带、66页的饰带、108页的花边有相同的特点。

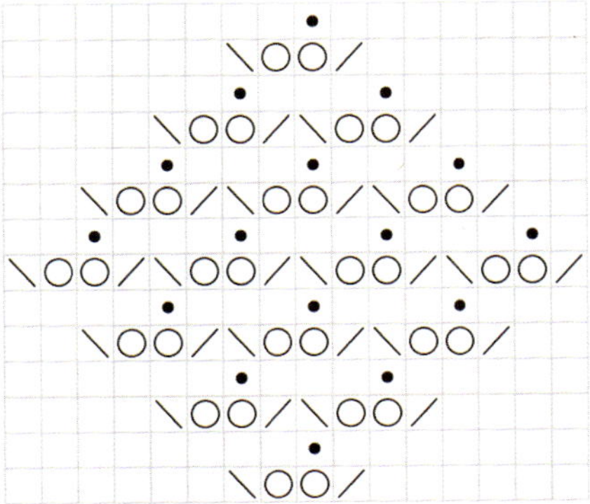

专心度 2

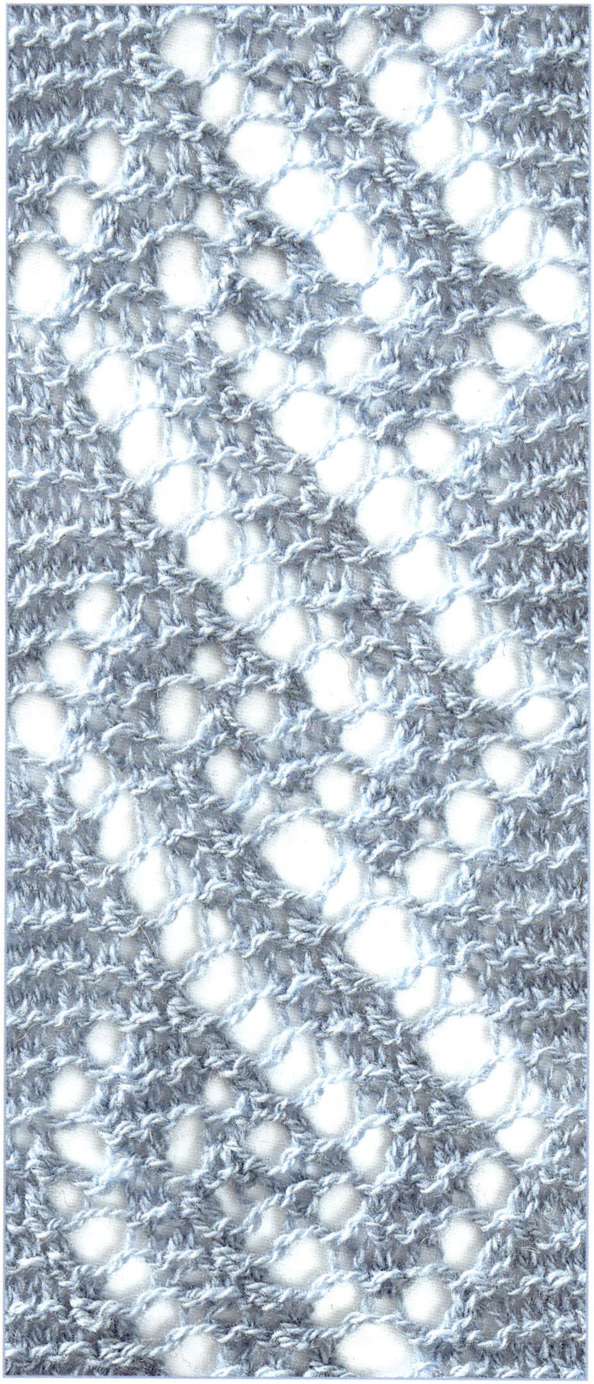

蕾丝绳

▶ 图形

这个图案可用作其他图案之间的条纹。要看出绳子的效果，图案两边都需要有一些平针。

编织方法

第1行： 5针下, [挂针, 滑针右上2针并1针, 2针下] 2次, 3针下

第2行及所有交替行： 全下针

第3行： 3针下, 左上2针并1针, 挂针, 1针下, [挂针, 滑针右上2针并1针, 2针下] 2次, 2针下

第5行： 2针下, 左上2针并1针, 挂针, 3针下, [挂针, 滑针右上2针并1针, 2针下] 2次, 1针下

第7行： 1针下, 左上2针并1针, 挂针, 2针下, 左上2针并1针, 挂针, 1针下, [挂针, 滑针右上2针并1针, 2针下] 2次

第9行： 左上2针并1针, 挂针, 2针下, 左上2针并1针, 挂针, 3针下, 挂针, 滑针右上2针并1针, 2针下, 挂针, 滑针右上2针并1针, 1针下

第11行： [2针下, 挂针, 滑针右上2针并1针] 2次, 挂针, 右上3针并1针, 挂针, 2针下, 左上2针并1针, 挂针, 1针下

第13行： 3针下, 挂针, 滑针右上2针并1针, 2针下, 挂针, 右上3针并1针, 挂针, 2针下, 左上2针并1针, 挂针, 2针下

第15行： 2针下, [2针下, 挂针, 滑针右上2针并1针] 2次, 1针下, 左上2针并1针, 挂针, 3针下

第16行： 全下针

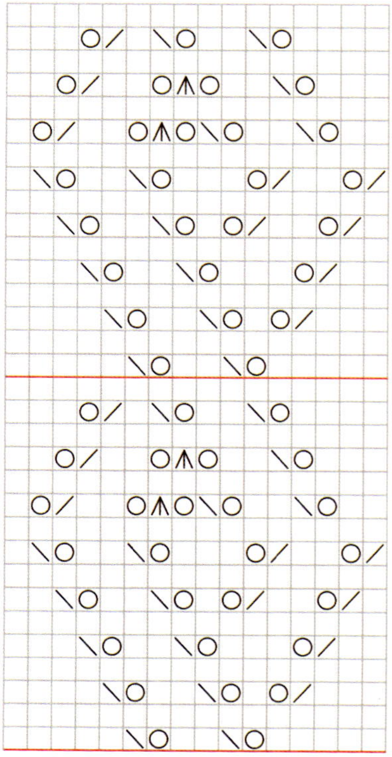

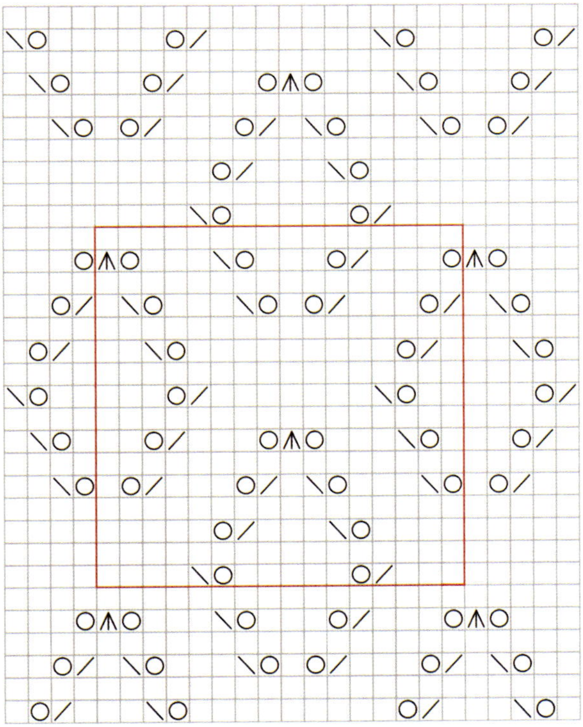

蒙塔古夫人的图案

▶ 满花

这是一款用于披肩中心的老图案。用粗线织婴儿盖毯效果也不错。

编织方法

第1行： *5针下，挂针，滑针右上2针并1针，3针下，左上2针并1针，挂针，4针下。从 * 重复至剩余1针，1针下

第2行及所有交替行： 全下针

第3行： *1针下，挂针，滑针右上2针并1针，3针下，挂针，滑针右上2针并1针，1针下，左上2针并1针，挂针，3针下，左上2针并1针，挂针。从 * 重复至剩余1针，1针下

第5行： *2针下，挂针，滑针右上2针并1针，3针下，挂针，右上3针并1针，挂针，3针下，左上2针并1针，挂针，1针下。从 * 重复至剩余1针，1针下

第7行： *3针下，挂针，滑针右上2针并1针，7针下，左上2针并1针，挂针，2针下。从 * 重复至剩余1针，1针下

第9行： *2针下，左上2针并1针，挂针，9针下，挂针，滑针右上2针并1针，1针下。从 * 重复至剩余1针，1针下

第11行： *1针下，左上2针并1针，挂针，3针下，左上2针并1针，挂针，1针下，挂针，滑针右上2针并1针，3针下，挂针，滑针右上2针并1针。从 * 重复至剩余1针，1针下

第13行： 左上2针并1针，挂针，*3针下，左上2针并1针，挂针，3针下，挂针，滑针右上2针并1针，3针下，挂针，右上3针并1针，挂针。从 * 重复至剩余15针，3针下，左上2针并1针，挂针，3针下，挂针，滑针右上2针并1针，3针下，挂针，滑针右上2针并1针

第15行： *4针下，左上2针并1针，挂针，5针下，挂针，滑针右上2针并1针，3针下。从 * 重复至剩余1针，1针下

第16行： 全下针

传统的尖状花边

▶花边

这款多年来用于众多披肩等织物的图案通用性很强。梯子饰带是这款花边的一部分。

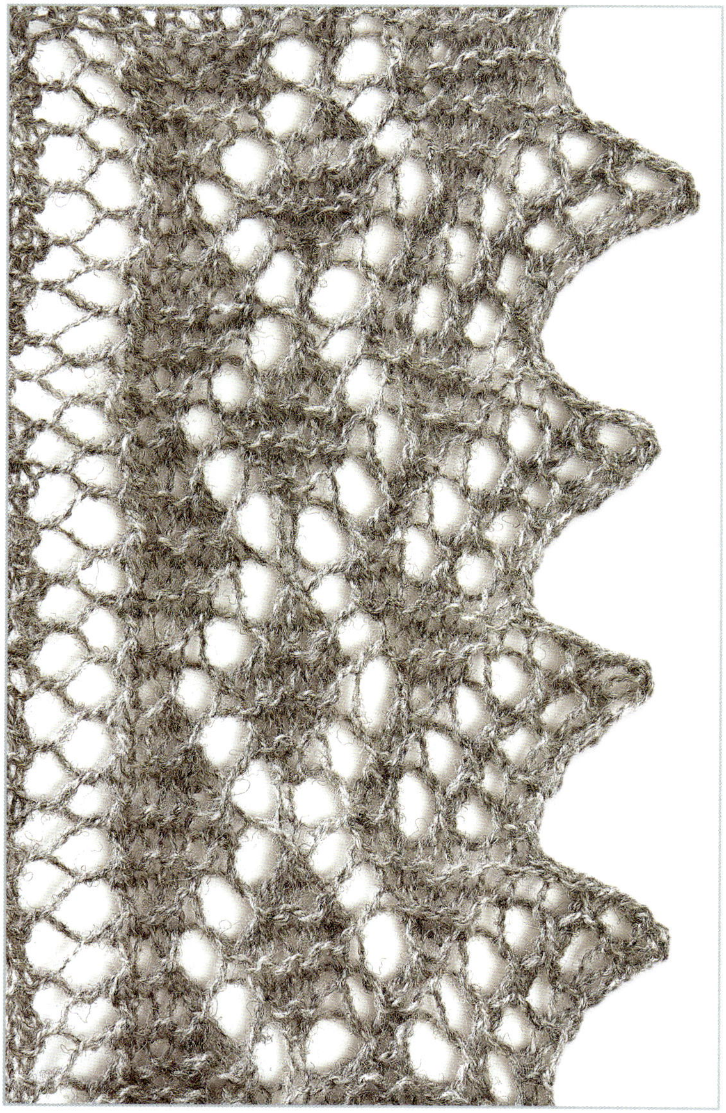

显示为原大的85%

编织方法

第1、3、5、7行： 上针方向滑1针，下针织到剩余3针，挂针，滑针右上2针并1针

第2行： 2针下，挂针，滑针右上2针并1针，1针下，左上2针并1针，挂针，3针下，挂针，滑针右上2针并1针，1针下，挂针，滑针右上2针并1针，挂针，2针下

第4行： 2针下，挂针，滑针右上2针并1针，左上2针并1针，挂针，5针下，挂针，滑针右上2针并1针，1针下，挂针，滑针右上2针并1针，挂针，2针下

第6行： 2针下，挂针，滑针右上2针并1针，2针下，挂针，滑针右上2针并1针，1针下，左上2针并1针，挂针，4针下，挂针，滑针右上2针并1针，挂针，2针下

第8行： 2针下，挂针，滑针右上2针并1针，3针下，挂针，右上3针并1针，挂针，6针下，挂针，滑针右上2针并1针，挂针，2针下

第9行： 收5针，下针织到剩余3针，挂针，滑针右上2针并1针

第10行： 2针下，挂针，滑针右上2针并1针，2针下，左上2针并1针，挂针，[1针下，挂针，左上2针并1针] 2次，挂针，2针下

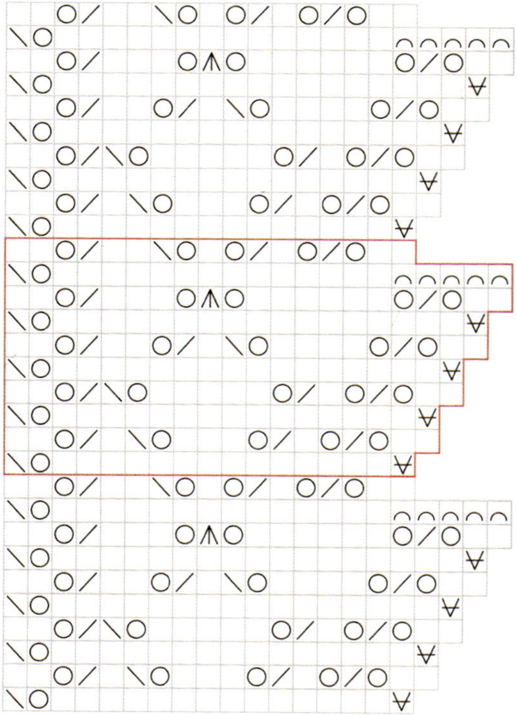

显示为原大的75%

波痕

▶ 满花

这款著名的图案是为数不多的需要在全下针背景下编织的图案中的一个，除了极细的线外都能用。在偶数行要织上针而不是下针（注意：为了看起来更清楚，没有在图谱中标黑点）。尽管做起来不难，当挂针和减针在不同的行间以不同的方式移动时，还是需要集中精力。

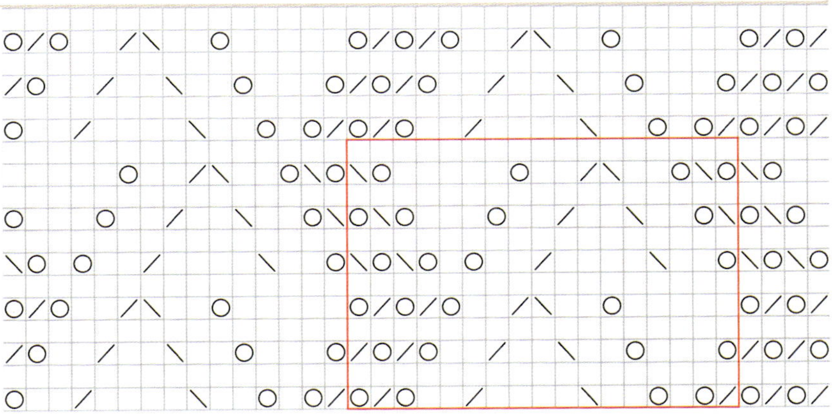

编织方法

第1行： 2针下，[左上2针并1针，挂针] 2次，*左上2针并1针，挂针，1针下，挂针，2针下，滑针右上2针并1针，4针下，左上2针并1针，2针下，挂针，左上2针并1针，挂针。从 * 重复至剩余4针，左上2针并1针，挂针，2针下

第2行及所有交替行： 全上针

第3行： 1针下，[左上2针并1针，挂针] 2次，左上2针并1针，*挂针，3针下，挂针，2针下，滑针右上2针并1针，2针下，左上2针并1针，2针下，[挂针，左上2针并1针] 2次。从 * 重复至剩余3针，挂针，3针下

第5行： [左上2针并1针，挂针] 3次，*5针下，挂针，2针下，滑针右上2针并1针，左上2针并1针，2针下，[挂针，左上2针并1针] 2次，挂针。从 * 重复至剩余4针，4针下

第7行： 2针下，[挂针，滑针右上2针并1针] 2次，*挂针，2针下，滑针右上2针并1针，4针下，左上2针并1针，2针下，挂针，1针下，[挂针，滑针右上2针并1针] 2次。从 * 重复至剩余4针，挂针，滑针右上2针并1针，2针下

第9行： 3针下，挂针，滑针右上2针并1针，挂针，*滑针右上2针并1针，挂针，2针下，滑针右上2针并1针，2针下，左上2针并1针，2针下，挂针，3针下，挂针，滑针右上2针并1针，挂针。从 * 重复至剩余5针，滑针右上2针并1针，挂针，滑针右上2针并1针，1针下

第11行： 4针下，挂针，滑针右上2针并1针，*挂针，滑针右上2针并1针，挂针，2针下，滑针右上2针并1针，左上2针并1针，2针下，挂针，5针下，挂针，滑针右上2针并1针。从 * 重复至剩余4针，[挂针，滑针右上2针并1针] 2次

第12行： 全上针

显示为原大的70%

珠子和蕾丝洞花边

▶ 花边*

这是一款典型的复合型花边，由简单的Z字形、Z字形蕾丝洞、珠子堆图案组成。如果想要宽一些，可增加简单的Z字形或加上梯子饰带。

*珠子与59页的满花、63页的饰带、95页的图形有相同的特点。
蕾丝洞与54页的饰带、66页的饰带、103页的图形有相同的特点。

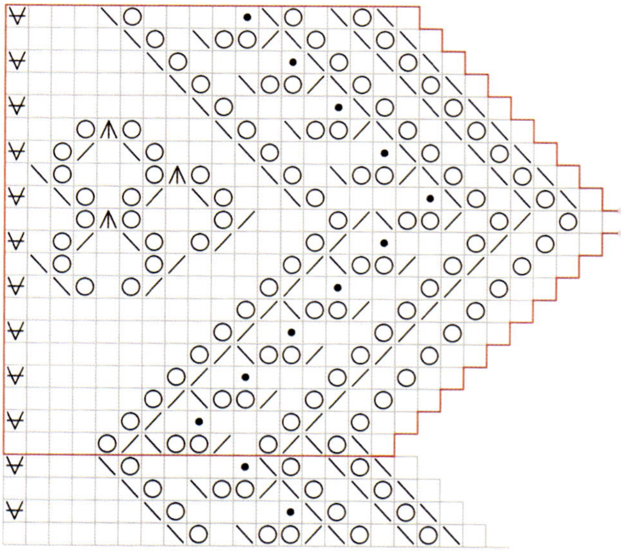

老石头

▶ 满花

这是一款传统的边框图案，北方群岛的每个女人都会戴有这样图案的裹式披肩。在设得兰，它被称为“老水手”，搜集图案的人因为设得兰的口音把“水手”误听为“石头”，不过现在都这么叫了。注意，这款图案是以全下针背景为基础的。

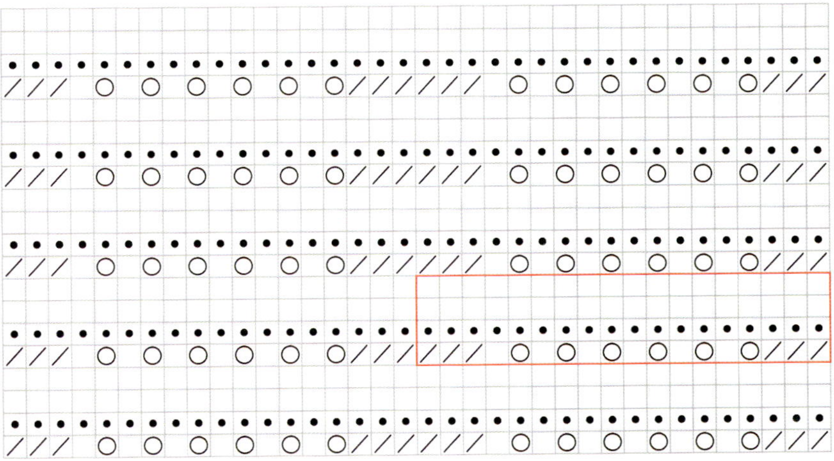

编织方法

第1行： *左上2针并1针3次，[挂针，1针下]6次，左上2针并1针3次。从 * 重复至行末

第2行： 全上针

第3—4行： 全下针

18.12

专心度 2

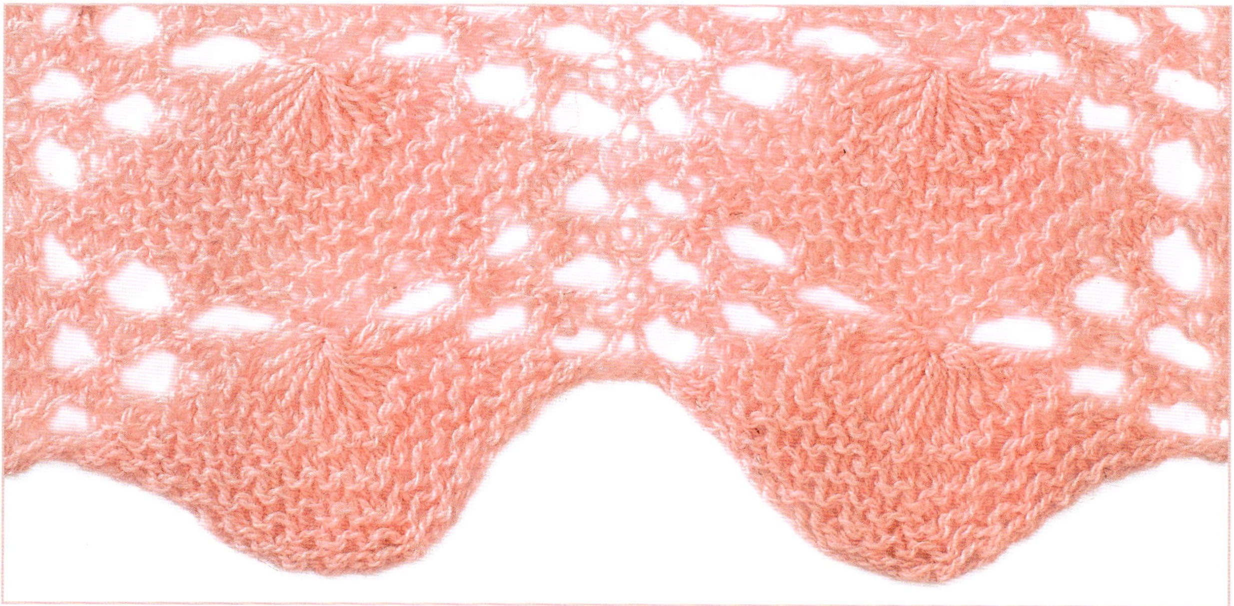

显示为原大的85%

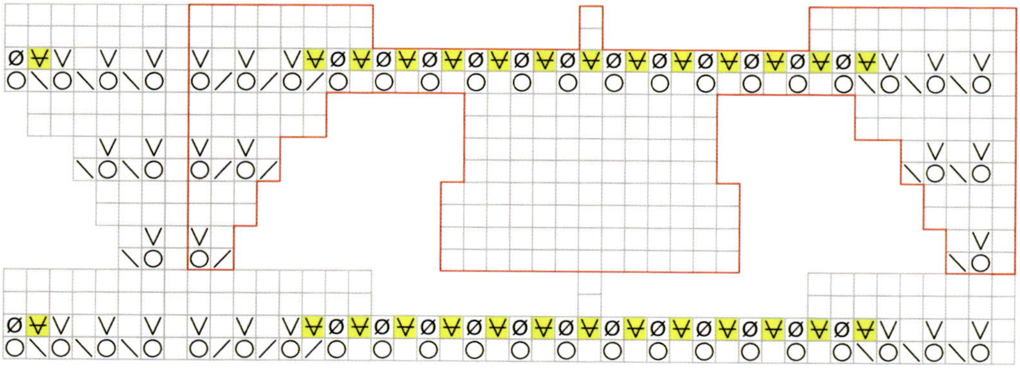

海扇

▶ 满花

这个图案一般只用于围巾，不过也能织成披肩漂亮的边框。起针一定要松一些，以便能织成扇形。注意，不同的行针数会有变化。

编织方法

第1行： *1针下，挂针，滑针右上2针并1针，13针下，左上2针并1针，挂针。从 * 重复至剩余1针，1针下（18针重复）

第2行： *1针下，在下1针的线圈中织1针下、1针上，15针下，在下1针的线圈中织1针下、1针上。从 * 重复至剩余1针，1针下（20针重复）

第3—4行： 全下针

第5行： *1针下，[挂针，滑针右上2针并1针] 2次，11针下，[左上2针并1针，挂针] 2次。从 * 重复至剩余1针，1针下

第6行： *[1针下，在下1针的线圈中织1针下、1针上] 2次，12针下，[1针下，在下1针的线圈中织1针下、1针上] 2次（24针重复）

第7—8行： 全下针

第9行： *1针下，[挂针，滑针右上2针并1针] 3次，[挂针，1针下] 11次，挂针，[左上2针并1针，挂针] 3次。从 * 重复至剩余1针，1针下（36针重复）

第10行： *[1针下， 在下1针的线圈中织1针下、1针上] 3次，[上针方向滑1针，放掉挂针] 12次，上针方向滑1针。把这13针滑针放回到其他针上，从线圈后用下针收到一起，[在下1针的线圈中织1针下、1针上，1针下] 2次，在下1针的线圈中织1针下、1针上。从 * 重复至剩余1针，1针下（18针重复）

第11—12行： 全下针

显示为原大的70%

蜘蛛网

▶ 满花

这款图案的图谱看起来与织出的成品差别很大。织的时候，减针形成的棘状突起使周围收拢起来形成了网。如果在菱形平面中放入其他的图案如“蕾丝洞”（54页）或“复杂的网图形”（74页），就形成了蕾丝网的效果。

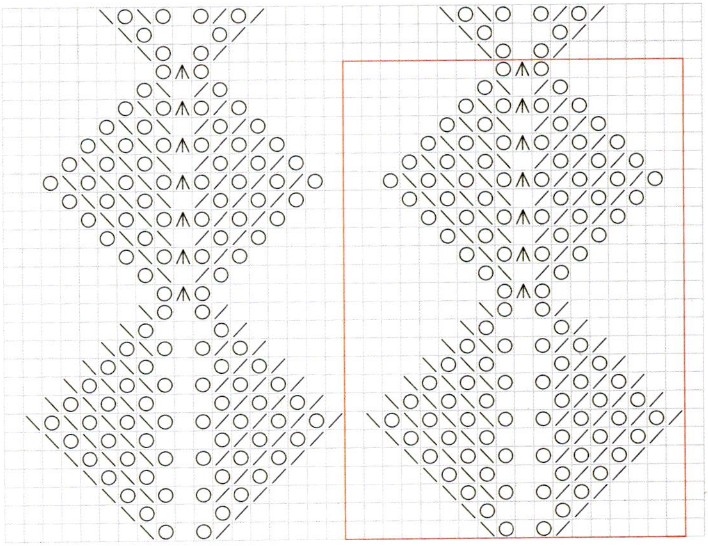

传统的大扇形花边

▶ 花边

这款老式的宽花边有着宽而不尖的扇形，用在简单的披肩上更好看。

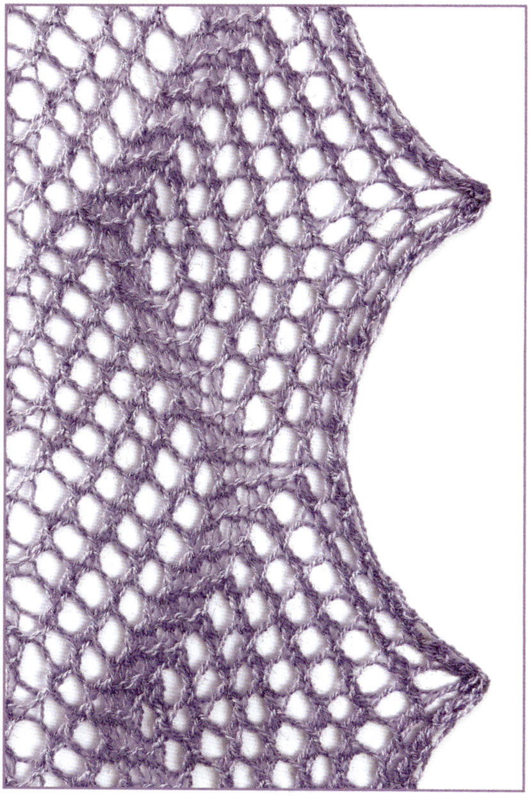

显示为原大的50%

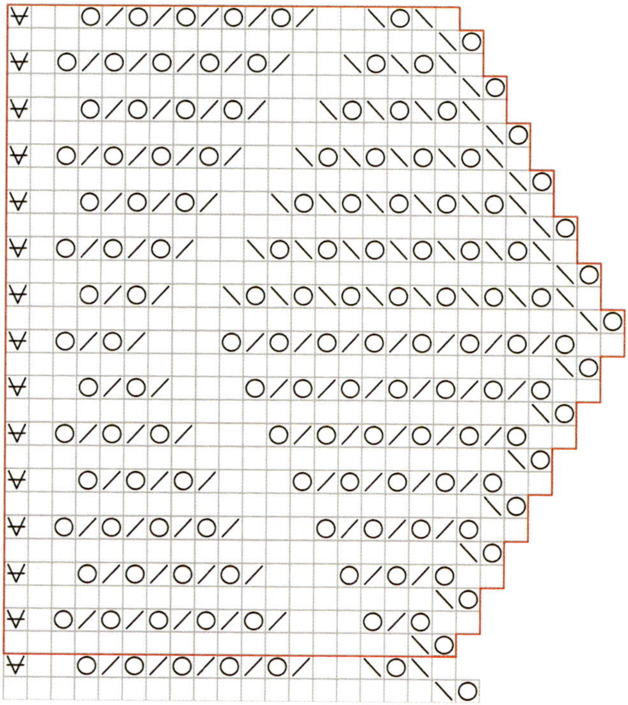

编织方法

第1行及所有交替行： 挂针，滑针右上2针并1针，下针织到行末

第2行： 上针方向滑1针，1针下，[挂针，滑针右上2针并1针]5针，3针下，挂针，滑针右上2针并1针，挂针，2针下

第4行： 上针方向滑1针，2针下，[挂针，滑针右上2针并1针] 4次，3针下，[挂针，滑针右上2针并1针] 2次，挂针，2针下

第6行： 上针方向滑1针，1针下，[挂针，滑针右上2针并1针] 4次，3针下，[挂针，滑针右上2针并1针] 3次，挂针，2针下

第8行： 上针方向滑1针，2针下，[挂针，滑针右上2针并1针] 3次，3针下，[挂针，滑针右上2针并1针] 4次，挂针，2针下

第10行： 上针方向滑1针，1针下，[挂针，滑针右上2针并1针] 3次，3针下，[挂针，滑针右上2针并1针] 5次，挂针，2针下

第12行： 上针方向滑1针，2针下，[挂针，滑针右上2针并1针] 2次，3针下，[挂针，滑针右上2针并1针] 6次，挂针，2针下

第14行： 上针方向滑1针，1针下，[挂针，滑针右上2针并1针] 2次，3针下，[挂针，滑针右上2针并1针] 7次，挂针，2针下

第16行： 上针方向滑1针，2针下，[挂针，滑针右上2针并1针] 2次，2针下，[左上2针并1针，挂针] 7次，左上2针并1针，1针下

第18行： 上针方向滑1针，1针下，[挂针，滑针右上2针并1针] 3次，2针下，[左上2针并1针，挂针] 6次，左上2针并1针，1针下

第20行： 上针方向滑1针，2针下，[挂针，滑针右上2针并1针] 3次，2针下，[左上2针并1针，挂针]5针，左上2针并1针，1针下

第22行： 上针方向滑1针，1针下，[挂针，滑针右上2针并1针] 4次，2针下，[左上2针并1针，挂针] 4次，左上2针并1针，1针下

第24行： 上针方向滑1针，2针下，[挂针，滑针右上2针并1针] 4次，2针下，[左上2针并1针，挂针] 3次，左上2针并1针，1针下

第26行： 上针方向滑1针，1针下，[挂针，滑针右上2针并1针]5针，2针下，[左上2针并1针，挂针] 2次，左上2针并1针，1针下

第28行： 上针方向滑1针，2针下，[挂针，滑针右上2针并1针]5针，2针下，左上2针并1针，挂针，左上2针并1针，1针下

爱尔兰或伊莱恩花边

▶ 花边

这是另一款花边的老图案，焦点是非常大的洞。如果觉得洞太大，可以织2针挂针而不是3针，然后下1行中在第1针挂针处织1针下针和1针上针。注意，偶数行开始织的边是挂针，滑针右上2针并1针。

编织方法

第1行： 上针方向滑1针，1针下，[挂针，滑针右上2针并1针] 4次，3针下，左上2针并1针，挂针，3针下，挂针，2针下

第 2、4、8、10行： 挂针，滑针右上2针并1针，下针织到行末

第3行： 上针方向滑1针，2针下，[挂针，滑针右上2针并1针] 3次，3针下，左上2针并1针，挂针，5针下，挂针，2针下

第5行： 上针方向滑1针，1针下，[挂针，滑针右上2针并1针] 3次，3针下，左上2针并1针，挂针，滑针右上2针并1针，左上2针并1针，[挂针] 3次，滑针右上2针并1针，1针下，挂针，2针下

第6行： 挂针，滑针右上2针并1针，4针下，1针上，下针织到行末

第7行： 上针方向滑1针，2针下，[挂针，滑针右上2针并1针] 3次，4针下，挂针，滑针右上2针并1针，3针下，左上2针并1针，挂针，左上2针并1针，1针下

第9行： 上针方向滑1针，1针下，[挂针，滑针右上2针并1针] 4次，4针下，挂针，滑针右上2针并1针，1针下，左上2针并1针，挂针，左上2针并1针，1针下

第11行： 上针方向滑1针，2针下，[挂针，滑针右上2针并1针] 4次，4针下，挂针，右上3针并1针，挂针，左上2针并1针，1针下

第12行： 挂针，滑针右上2针并1针，下针织到行末

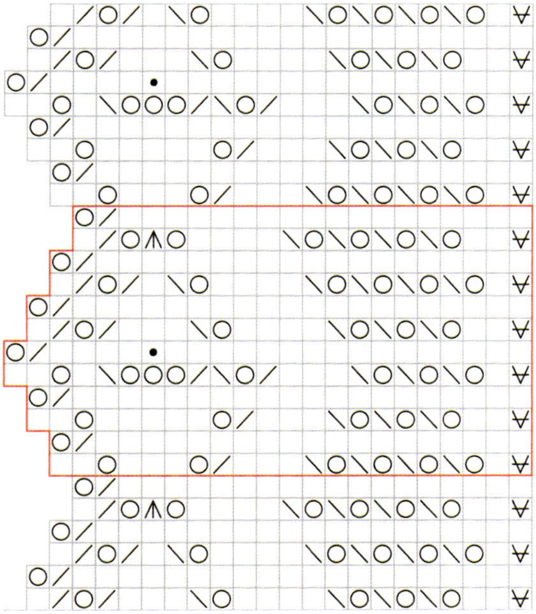

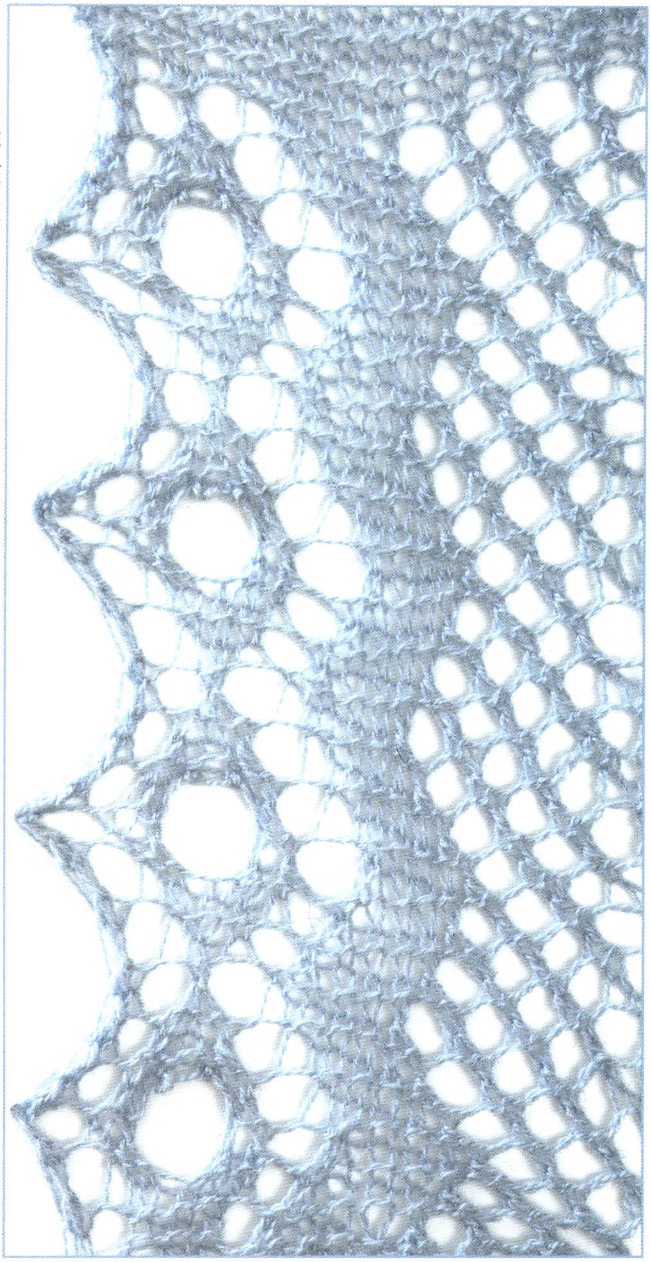

显示为原大的70%

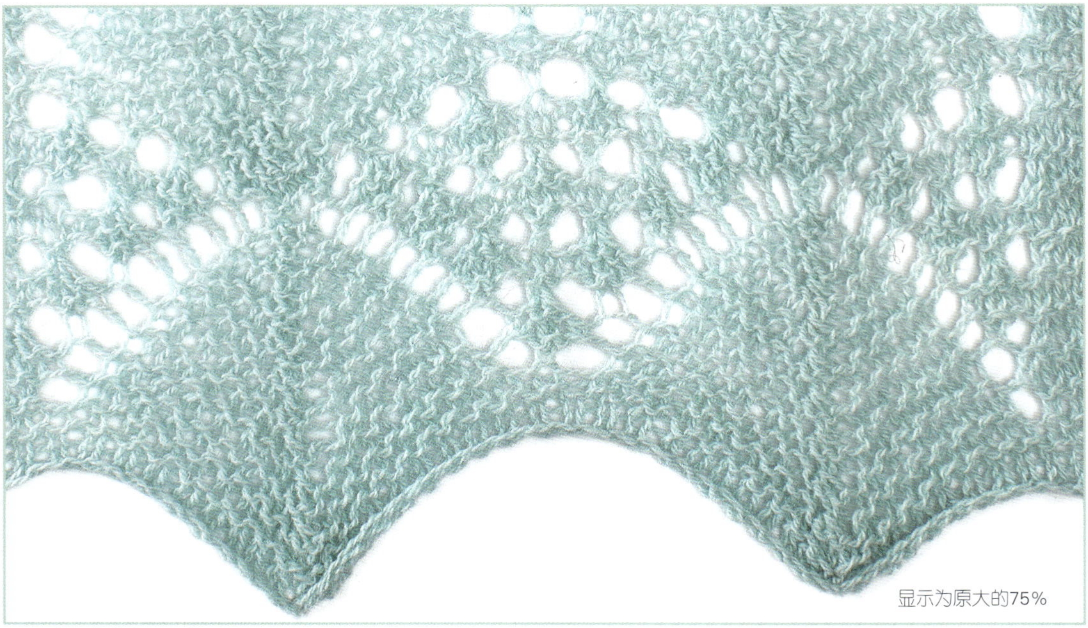

显示为原大的75%

马德拉瀑布

▶ 满花

这款非常古老的图案也许来源于西班牙，也许是西班牙蕾丝的仿制品。注意，这款图案一点也不像“马德拉”（84页）。

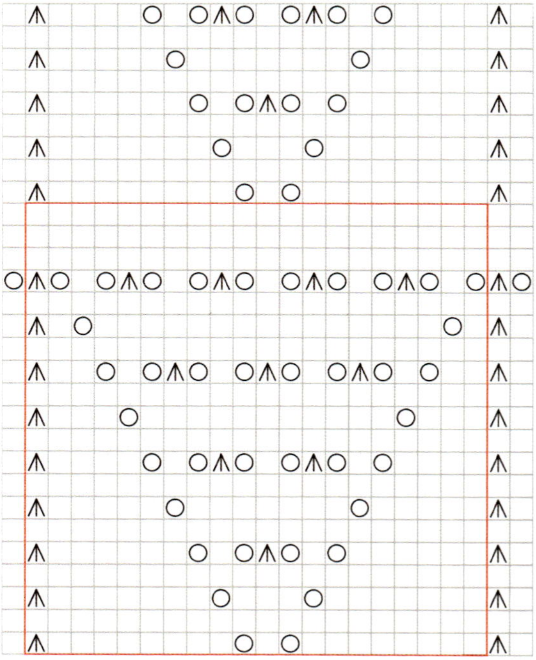

编织方法

第1行： *1针下，挂针，8针下，右上3针并1针，8针下，挂针。从 * 重复至剩余1针，1针下

第2行及所有交替行： 全下针

第3行： *2针下，挂针，7针下，右上3针并1针，7针下，挂针，1针下。从 * 重复至剩余1针，1针下

第5行： 左上2针并1针，挂针，*1针下，挂针，6针下，右上3针并1针，6针下，挂针，1针下，挂针，左上3针并1针，挂针。从 * 重复至剩余19针，1针下，挂针，6针下，右上3针并1针，6针下，挂针，1针下，挂针，滑针右上2针并1针

第7行： *4针下，挂针，5针下，右上3针并1针，5针下，挂针，3针下。从 * 重复至剩余1针，1针下

第9行： *1针下，挂针，右上3针并1针，挂针，4针下，右上3针并1针，4针下，挂针，1针下，挂针，右上3针并1针，挂针。从 * 重复至剩余1针，1针下

第11行： *6针下，挂针，3针下，右上3针并1针，3针下，挂针，3针下。从 * 重复至剩余1针，1针下

第13行： 左上2针并1针，挂针，*1针下，挂针，右上3针并1针，挂针，1针下，挂针，2针下，右上3针并1针，2针下，挂针，[1针下，挂针，右上3针并1针，挂针] 2次。从 * 重复至剩余19针，1针下，挂针，右上3针并1针，挂针，1针下，挂针，2针下，右上3针并1针，2针下，挂针，1针下，挂针，右上3针并1针，挂针，1针下，挂针，滑针右上2针并1针

第15行： *8针下，挂针，1针下，右上3针并1针，1针下，挂针，5针下。从 * 重复至剩余1针，1针下

第17行： *1针下，挂针，右上3针并1针，挂针。从 * 重复至剩余1针，1针下

第19—20行： 全下针

显示为原大的70%

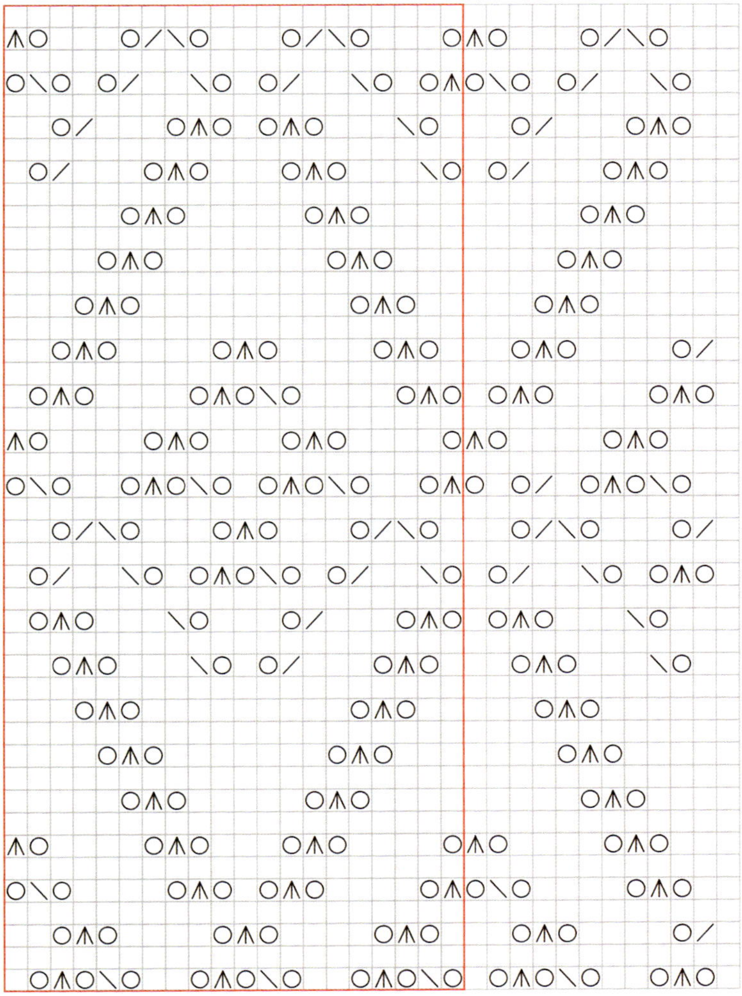

有玫瑰束的玫瑰菱形框

▶ 满花

在菱形框各边交叉点处都有一朵玫瑰。玫瑰束图案放在菱形框内。框内也可以放其他图案。

显示为原大的50%

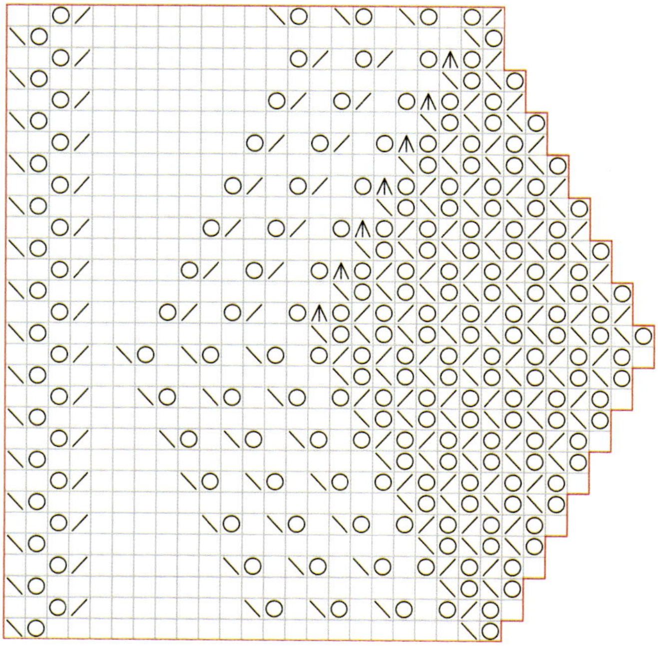

扇形花边

花边

图谱看起来好像很复杂，不过一旦开始，会很容易织下去。注意，奇数行以挂针开始。通过增加或减少图谱中间的行数，可以方便地加长或缩短这个花边。

显示为原大的75%

玛格丽特的花边

▶ 花边

这是源自安斯特的玛格丽特·彼得森的一款花边。它的简洁、延伸成尖状的平针区域，使它成为简单披肩的理想花边。

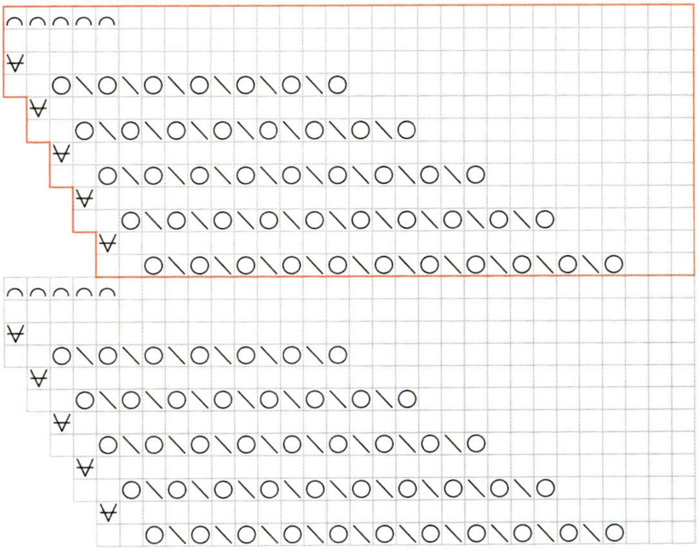

编织方法

第1行： 3针下，[挂针，滑针右上2针并1针]10次，挂针，2针下

第2行及所有交替行： 上针方向滑1针，下针织到行末

第3行： 6针下，[挂针，滑针右上2针并1针]9次，挂针，2针下

第5行： 9针下，[挂针，滑针右上2针并1针]8次，挂针，2针下

第7行： 12针下，[挂针，滑针右上2针并1针]7次，挂针，2针下

第9行： 15针下，[挂针，滑针右上2针并1针]6次，挂针，2针下

第11行： 全下针

第12行： 收5针，下针织到行末

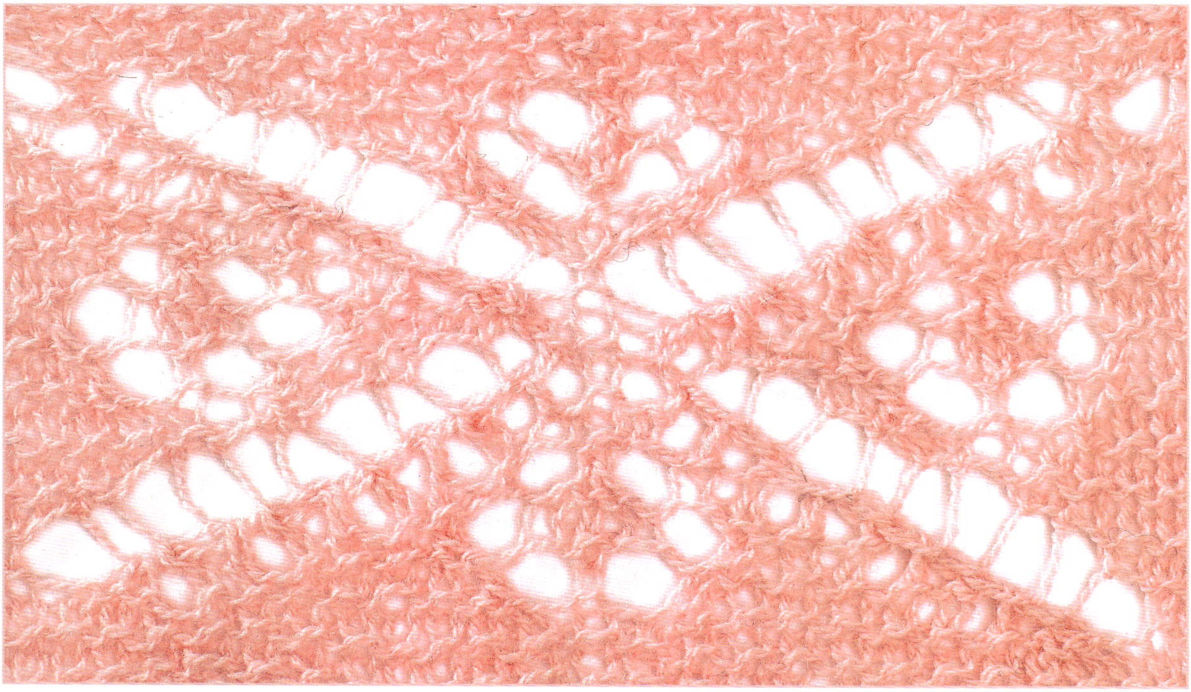

圣安德鲁十字

▶ 图形

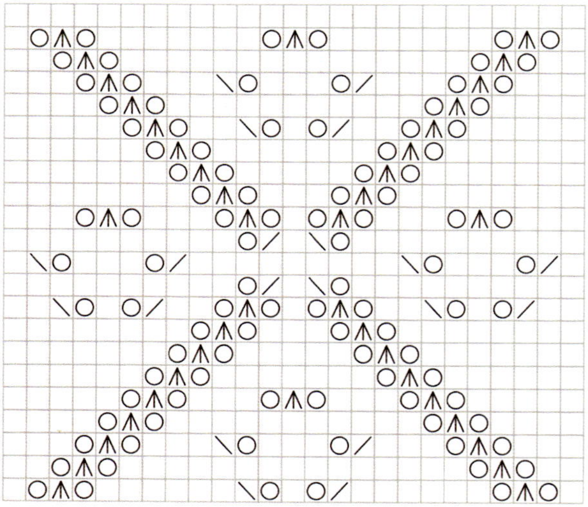

在19世纪和20世纪早期，圣安德鲁十字图案广泛用于设得兰蕾丝。如图所示，常常在交叉线之间放上小的图形。我用的是“猫爪”，你也可以换成自己心仪的小图形。

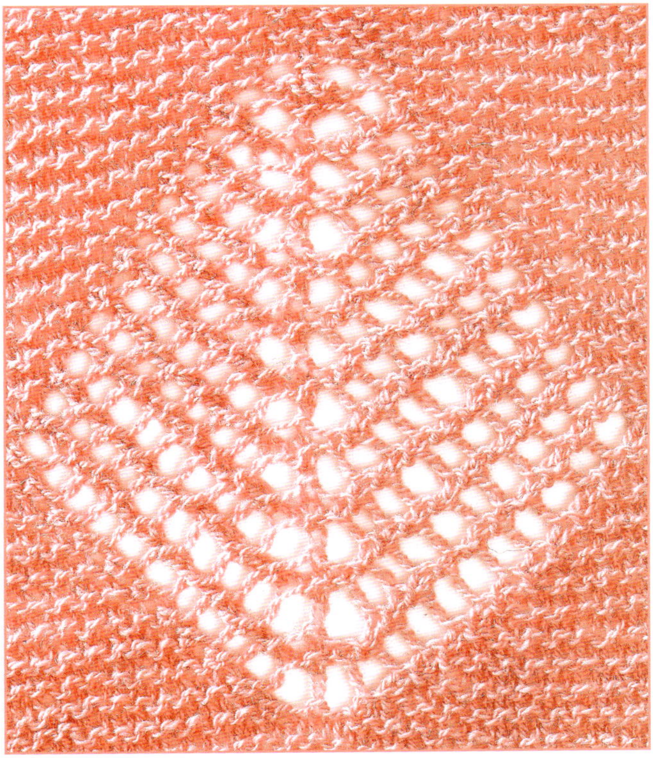

显示为原大的70%

树

图形

树可以织成任何尺寸大小，常用作披肩的边框。

编织方法

第1行： 10针下，左上2针并1针，挂针，1针下，挂针，滑针右上2针并1针，10针下

第2行及所有交替行： 全下针

第3行： 9针下，左上2针并1针，挂针，3针下，挂针，滑针右上2针并1针，9针下

第5行： 8针下，[左上2针并1针，挂针] 2次，1针下，[挂针，滑针右上2针并1针] 2次，8针下

第7行： 7针下，[左上2针并1针，挂针] 2次，3针下，[挂针，滑针右上2针并1针] 2次，7针下

第9行： 6针下，[左上2针并1针，挂针] 3次，1针下，[挂针，滑针右上2针并1针] 3次，6针下

第11行： 5针下，[左上2针并1针，挂针] 3次，3针下，[挂针，滑针右上2针并1针] 3次，5针下

第13行： 4针下，[左上2针并1针，挂针] 4次，1针下，[挂针，滑针右上2针并1针] 4次，4针下

第15行： 3针下，[左上2针并1针，挂针] 4次，3针下，[挂针，滑针右上2针并1针] 4次，3针下

第17行： 2针下，[左上2针并1针，挂针]5次，1针下，[挂针，滑针右上2针并1针] 5次，2针下

第19行： 1针下，[左上2针并1针，挂针]5次，3针下，[挂针，滑针右上2针并1针] 5次，1针下

第21行： [左上2针并1针，挂针]6次，1针下，[挂针，滑针右上2针并1针]6次

第23行： 同第19行

第25行： 同第17行

第27行： 同第15行

第29行： 同第13行

第31行： 同第11行

第33行： 同第9行

第35行： 同第7行

第37行： 同第5行

第39行： 同第3行

第41行： 11针下，挂针，右上3针并1针，挂针，11针下

第42行： 全下针

作品

本书中的针法可以组合成各种方式使用。本章精选了一些漂亮的设计，以激发你的灵感，用这些针法设计出自己的作品。

左 **小披肩,**
129—131页

上 **月牙形披肩,**
140—141页

最左
帽子和围巾套装（帽子没展示），126—128页

左
蛛丝披肩，124—125页

上
婴儿套装，包括外套（如图所示）、手套和软帽（没展示），132—135页

中
蕾丝露指手套，136—137页

下
十针袜，138—139页

蛛丝披肩

轻如羽毛，却有令人惊奇的保暖效果，这款小披肩既漂亮又实用。它用蛛丝线织成，精细得能穿过一枚婚戒。只在奇数行有挂针，所以织起来不太难。

材料

- 550m：35g的1股线
- 一副2.75mm（美式2号）棒针
- 行计数器
- 零碎毛线
- 毛线缝针

尺寸

边长大约65cm的正方形

密度

10cm×10cm的中心图案大约包括20针、44行。这个披肩非常有弹性

可替换的针法

中心聚集的图形：

复杂的网图形，74页

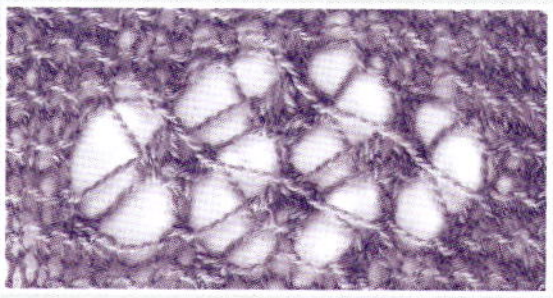

珠子堆，95页

花边：

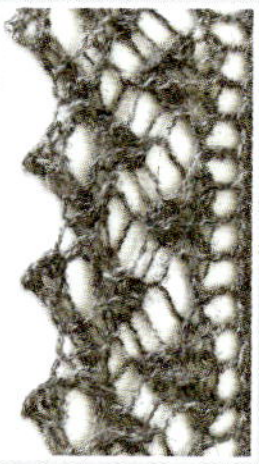

塞浦路斯花边，89页

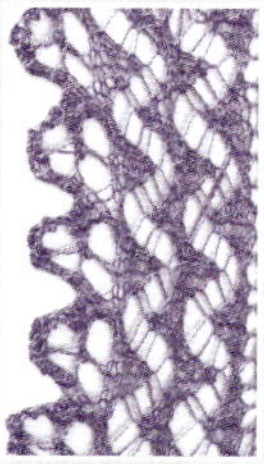

维多利亚Z字形花边，103页

花边

用零碎毛线起11针，换成主线。织完花边图谱中的8行，再接着重复，一共织108次。用线把线圈穿上，以备后面缝合。

中心

用一根针，正面朝上，从起针的一端开始，在花边的直边上挑起216针，每个滑针处挑1针。现在反面朝上，用另一根针，从有活线圈的一端开始，在花边的直边上挑起216针，每个滑针处挑1针。在花边条的中间，两根针的针尖相遇。正面向上，在这里加线，开始来来回回地编织如下：

第1行（正面）： 上针方向滑1针，103针下，滑针右上2针并1针，翻面

第2行： 同第1行

现在按照中心图谱在这105针上进行编织。每行把20针重复1次的图形重复4次，在行末如图谱所示减针。织完1个图形的44行，再接着重复，共织5次。

下1行： 上针方向滑1针，下针织到行末

收尾

把中心剩余的针目与从花边上挑起来的最后剩余的针目嫁接缝在一起。把花边起始处的零碎毛线去掉，把这些线圈与花边结尾处的活线圈嫁接缝在一起。把所有的线头都缝进去。把披肩洗后整形，晾干后剪去线头。

中心图谱

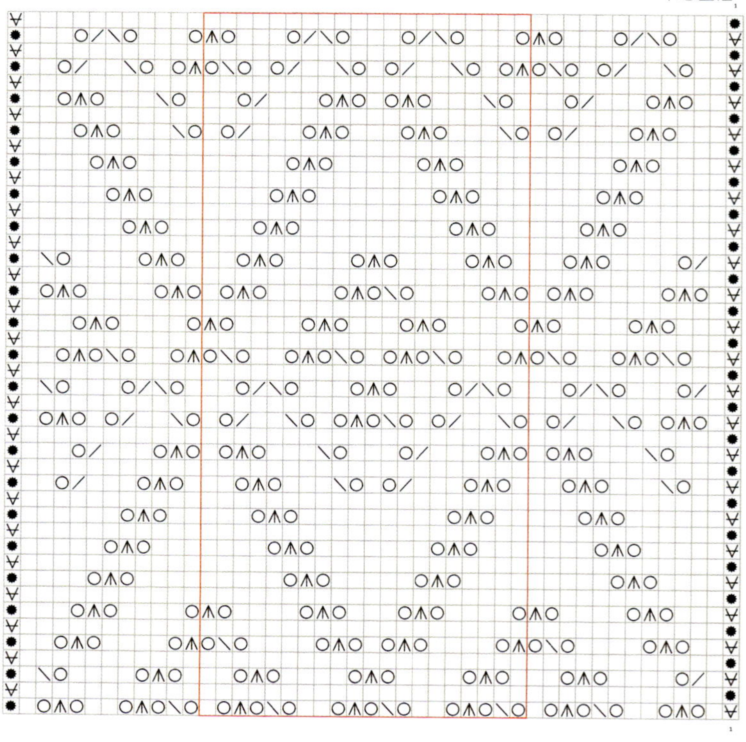

花边图谱

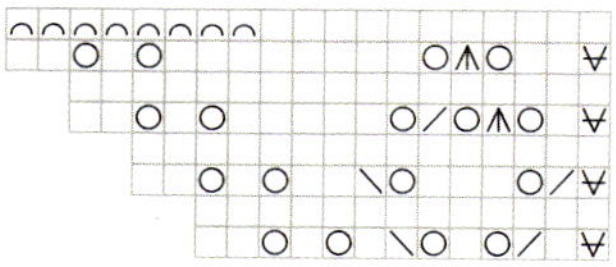

帽子和围巾套装

这是一款能很快织好的温暖的套装。围巾主要采用了“猫爪”的基础图案。何不用自己的图案呢？

材料

- 375m：150g的阿伦线
- 一副8mm（美式11号）棒针
- 行计数器
- 毛线缝针

尺寸

围巾30cm宽，152cm长，长度可以方便地调整。帽子非常有弹性，适合头围至59cm的孩子和成人

密度

10cm×10cm的起伏针包括12针、24行

可替换的针法

替换“猫爪”，可尝试：

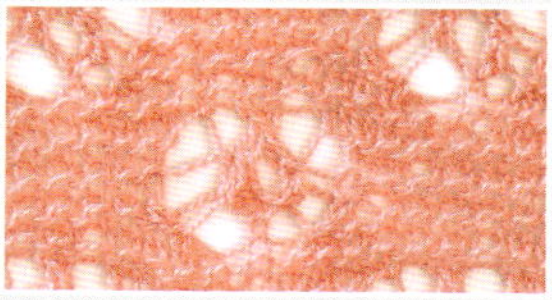

蜘蛛图形，64页

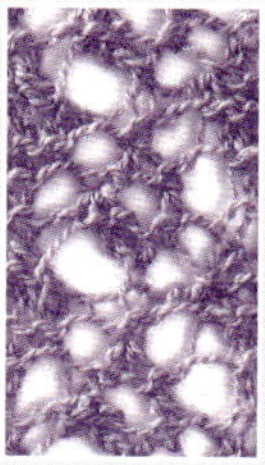

网眼饰带，65页

珠子饰带，63页

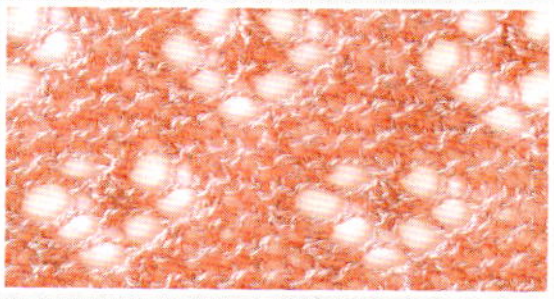

草莓，71页

围巾

起33针，第1行织下针。按照围巾图谱织完24行，再接着重复，共织10次或织到理想的长度，在12行后收尾，收针。

围巾图谱

第1行：上针方向滑1针，1针下，挂针，左上2针并1针，挂针，5针下，挂针，右上3针并1针，挂针，2针下，左上2针并1针，挂针，1针下，挂针，滑针右上2针并1针，2针下，挂针，右上3针并1针，挂针，5针下，挂针，滑针右上2针并1针，挂针，2针下

第2行及所有交替行：上针方向滑1针，下针织到行末

第3行：上针方向滑1针，1针下，挂针，左上2针并1针，挂针，6针下，挂针，右上3针并1针，挂针，1针下，左上2针并1针，挂针，3针下，挂针，滑针右上2针并1针，1针下，挂针，右上3针并1针，挂针，6针下，挂针，滑针右上2针并1针，挂针，2针下

第5行：上针方向滑1针，1针下，挂针，左上2针并1针，挂针，7针下，[挂针，右上3针并1针，挂针，3针下] 2次，挂针，右上3针并1针，挂针，7针下，挂针，滑针右上2针并1针，挂针，2针下

第7行：上针方向滑1针，1针下，挂针，左上2针并1针，挂针，8针下，挂针，右上3针并1针，挂针，9针下，挂针，右上3针并1针，挂针，8针下，挂针，滑针右上2针并1针，挂针，2针下

第9行：上针方向滑1针，1针下，挂针，左上2针并1针，[挂针，2针下，左上2针并1针，挂针，1针下，挂针，滑针右上2针并1针，2针下，挂针，右上3针并1针] 2次，挂针，2针下，左上2针并1针,挂针，1针下，挂针，滑针右上2针并1针，2针下，挂针，滑针右上2针并1针，挂针，2针下

第11行：上针方向滑1针，1针下，挂针，左上2针并1针，挂针，2针下，[左上2针并1针，挂针，3针下，挂针，滑针右上2针并1针，1针下，挂针，右上3针并1针，挂针，1针下] 2次，左上2针并1针，挂针，3针下，挂针，滑针右上2针并1针，2针下，挂针，滑针右上2针并1针，挂针，2针下

第13行：上针方向滑1针，[滑针右上2针并1针，挂针] 2次，滑针右上2针并1针，2针下，[挂针，右上3针并1针，挂针，3针下] 4次，挂针，右上3针并1针，挂针，2针下，[左上2针并1针，挂针] 2次，左上2针并1针，1针下

第15行：上针方向滑1针，[滑针右上2针并1针，挂针] 2次，滑针右上2针并1针，7针下，挂针，右上3针并1针，挂针，9针下，挂针，右上3针并1针，挂针，7针下，[左上

围巾图谱

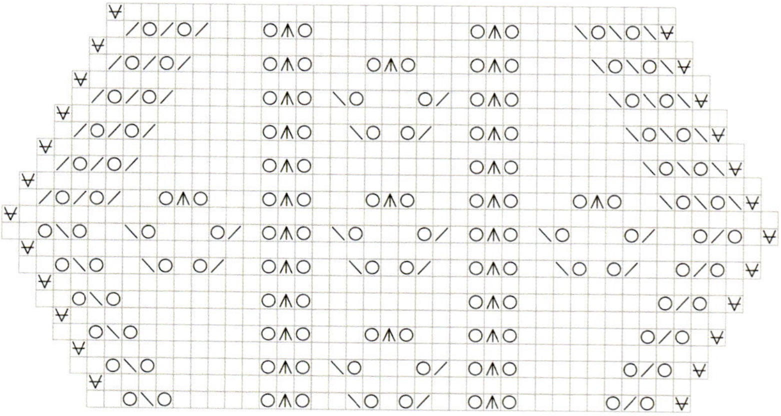

2针并1针，挂针］2次，左上2针并1针，1针下

第17行：上针方向滑1针，［滑针右上2针并1针，挂针］2次，滑针右上2针并1针，6针下，挂针，右上3针并1针，挂针，2针下，左上2针并1针，挂针，1针下，挂针，滑针右上2针并1针，2针下，挂针，右上3针并1针，挂针，6针下，［左上2针并1针，挂针］2次，左上2针并1针，1针下

第19行：上针方向滑1针，［滑针右上2针并1针，挂针］2次，滑针右上2针并1针，5针下，挂针，右上3针并1针，挂针，1针下，左上2针并1针，挂针，3针下，挂针，滑针右上2针并1针，1针下，挂针，右上3针并1针，挂针，5针下，［左上2针并1针，挂针］2次，左上2针并1针，1针下

第21行：上针方向滑1针，［滑针右上2针并1针，挂针］2次，滑针右上2针并1针，4针下，［挂针，右上3针并1针，挂针，3针下］2次，挂针，右上3针并1针，挂针，4针下，［左上2针并1针，挂针］2次，左上2针并1针，1针下

第23行：上针方向滑1针，［滑针右上2针并1针，挂针］2次，滑针右上2针并1针，3针下，挂针，右上3针并1针，挂针，9针下，挂针，右上3针并1针，挂针，3针下，［左上2针并1针，挂针］2次，左上2针并1针，1针下

第24行：同第2行

帽子

起9针，第1行织下针。按照帽子图谱织完24行，再接着重复，共织4次。收针。从直边上挑48针[每个滑针处挑1针]织帽顶。如下所示织出顶部的形状：

第1行： *6针下，左上2针并1针。从 * 重复至行末

第2、4、6、8行： 全下针

第3行： *5针下，左上2针并1针。从 * 重复至行末

第5行： *4针下，左上2针并1针。从 * 重复至行末

第7行： *3针下，左上2针并1针。从 * 重复至行末

第9行： *2针下，左上2针并1针。从 * 重复至行末

第10行： *1针下，左上2针并1针。从 * 重复至行末

第11行： 整行织左上2针并1针。

把线剪断，穿起剩余的6个线圈。

帽子图谱

第1行： 上针方向滑1针，4针下，挂针，滑针右上2针并1针，挂针，2针下

第2行及所有交替行： 上针方向滑1针，下针织到行末

第3行： 上针方向滑1针，5针下，挂针，滑针右上2针并1针，挂针，2针下

第5行： 上针方向滑1针，6针下，挂针，滑针右上2针并1针，挂针，2针下

第7行： 上针方向滑1针，7针下，挂针，滑针右上2针并1针，挂针，2针下

第9行： 上针方向滑1针，1针下，左上2针并1针，挂针，1针下，挂针，滑针右上2针并1针，2针下，挂针，滑针右上2针并1针，挂针，2针下

第11行： 上针方向滑1针，左上2针并1针，挂针，3针下，挂针，滑针右上2针并1针，2针下，挂针，滑针右上2针并1针，挂针，2针下

第13行： 上针方向滑1针，2针下，挂针，右上3针并1针，挂针，2针下，[左上2针并1针，挂针] 2次，左上2针并1针，1针下

第15行： 上针方向滑1针，6针下，[左上2针并1针，挂针] 2次，左上2针并1针，1针下

第17行： 上针方向滑1针，5针下，[左上2针并1针，挂针] 2次，左上2针并1针，1针下

第19行： 上针方向滑1针，4针下，[左上2针并1针，挂针] 2次，左上2针并1针，1针下

第21行： 上针方向滑1针，3针下，[左上2针并1针，挂针] 2次，左上2针并1针，1针下

第23行： 上针方向滑1针，2针下，[左上2针并1针，挂针] 2次，左上2针并1针，1针下

第24行： 上针方向滑1针，下针织到行末

帽子图谱

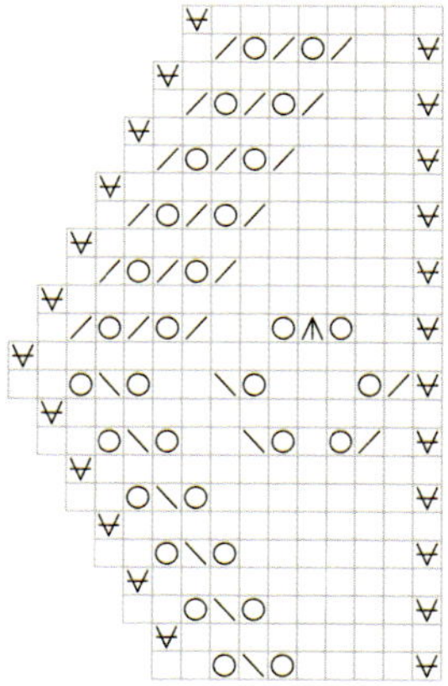

收尾

缝合帽边，缝好后把缝边翻到里面。把线头缝进去。洗后把帽子晾干，把围巾弄平整，把扇形拉开显出形状。戴时把帽檐折上去。

料
550m：150g的A线
加37m：10g的B线和C线各一，
都是4股线
一副6mm（美式10号）棒针
80cm长的6mm（美式10号）环
形针
行计数器
4个记号圈
零碎毛线
毛线缝针

寸
长大约85cm的正方形

度
0cm×10cm的中心图案大约包
12针、24行。这个披肩非常
弹性

替换的针法
心：

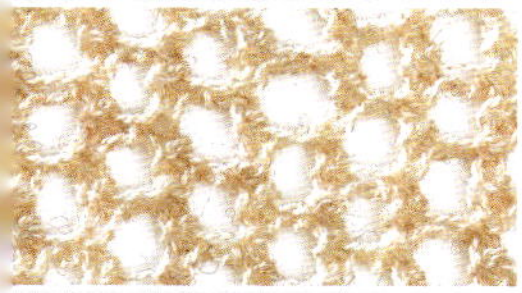

眼，55页

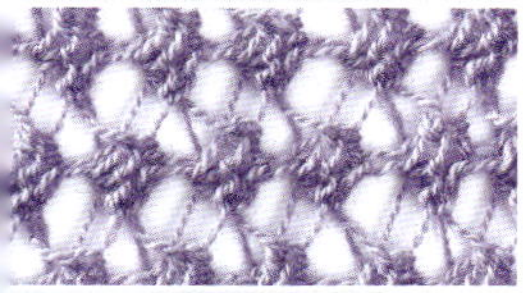

子图案，59页

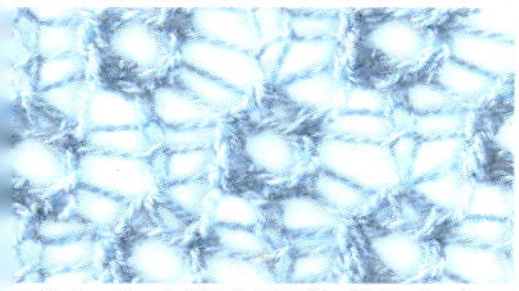

的眼睛，59页

边：

三角花边，58

范戴克花边，61
页

小披肩

这是一款苏格兰北部群岛几代女人都戴的老式裹式披肩的现代版。天冷时把它盖在肩上，再合适不过了。

中心

用棒针和零碎毛线，起59针，然后换成A线，如下所示编织：

边缘行： 上针方向滑1针，下针织到行末。再如上重复3次。按中心图谱织完12行，再接着重复，共织9次。接着织4次边缘行。不要把线剪断。

中心图谱

第1行： 上针方向滑1针，*左上2针并1针，挂针，4针下。从 * 重复至剩余4针，左上2针并1针，挂针，2针下

第2行及所有交替行： 上针方向滑1针，下针织到行末

第3行： 上针方向滑1针，1针下，*1针下，挂针，滑针右上2针并1针，1针下，左上2针并1针，挂针。从 * 重复至剩余3针，3针下

第5行： 上针方向滑1针，*3针下，挂针，右上3针并1针，挂针。从 * 重复至剩余4针，4针下

第7行： 上针方向滑1针，*3针下，左上2针并1针，挂针，1针下。从 * 重复至剩余4针，4针下

第9行： 上针方向滑1针，1针下，*1针下，左上2针并1针，挂针，1针下，挂针，滑针右上2针并1针。从 * 重复至剩余3针，3针下

第11行： 上针方向滑1针，1针下，左上2针并1针，挂针，*3针下，挂针，右上3针并1针，挂针。从 * 重复至剩余7针，3针下，挂针，滑针右上2针并1针，2针下

第12行： 上针方向滑1针，下针织到行末

边框

用同样的线，环形针，如下所示编织：

第1圈： 59针下，放记号圈，挑针（中心行端的每个滑针处挑1针），59针下，织到零碎毛线起的边，放记号圈，拆去中心开始时用的零碎毛线，下针织这59针，放记号圈，沿中心的侧边挑针，织59针下，放记号圈，连接，织成一圈

第2圈： *29针上，挑针加1针，下针织到下一个记号圈，滑过记号圈。从 * 重复至圈末。每组60针，共4组

第3圈： *[挂针，加1针（1针下，1针上）] 3次，[挂针，左上2针并1针] 织到下一个记号圈前3针处，[挂针，加1针（1针下，1针上）] 3次，滑过记号圈。从 * 重复至圈末。每组72针，共4组

第4圈： 全上针

换成B线，如下所示开始编织“老石头”图案：

第1圈： *[挂针，1针下] 3次，左上2针并1针 6次，[挂针，1针下] 3次。从 * 重复至圈末

第2圈： 全上针

第3—4圈： 全下针

重复织这4圈，先用A线，然后C线，然后A线，然后B线，然后A线，然后C线。最后用A线织第1—3圈。不要把线剪断。

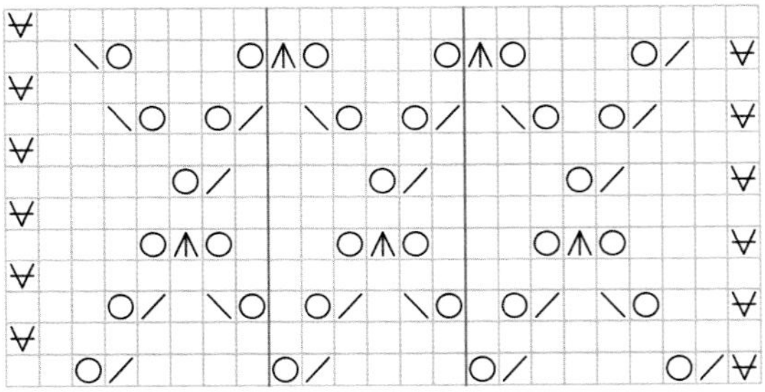

中心图谱

花边

用零碎毛线和棒针，起9针，织1行下针。用来自边框的A线，按花边图谱织这些针，注意，对于每12行的重复，都有6针从边框上移过来，在每个交替行的端头移1针。一旦所有的针都移过来了，拆去花边开始时的零碎毛线，把这两组活线圈嫁接缝在一起。

花边图谱

第1行： 上针方向滑1针，2针下，[左上2针并1针，挂针] 2次，1针下，挂针，1针下

第2行： 上针方向滑1针，8针下，把花边最后1针与边框织在一起

第3行： 上针方向滑1针，1针下，[左上2针并1针，挂针] 2次，3针下，挂针，1针下

第4行： 上针方向滑1针，9针下，把花边最后1针与边框织在一起

第5行： 上针方向滑1针，[左上2针并1针，挂针] 2次，5针下，挂针，1针下

第6行： 上针方向滑1针，10针下，把花边最后1针与边框织在一起

第7行： 上针方向滑1针，2针下，[挂针，滑针右上2针并1针] 2次，1针下，左上2针并1针，挂针，左上2针并1针

第8行： 上针方向滑1针，9针下，把花边最后1针与边框织在一起

第9行： 上针方向滑1针，3针下，挂针，滑针右上2针并1针，挂针，右上3针并1针，挂针，左上2针并1针

第10行： 上针方向滑1针，8针下，把花边最后1针与边框织在一起

第11行： 上针方向滑1针，4针下，挂针，滑针右上2针并1针，1针下，左上2针并1针

第12行： 上针方向滑1针，7针下，把花边最后1针与边框织在一起

收尾

缝进所有的线头，洗后整形，晾干后剪去所有的线头。

花边图谱

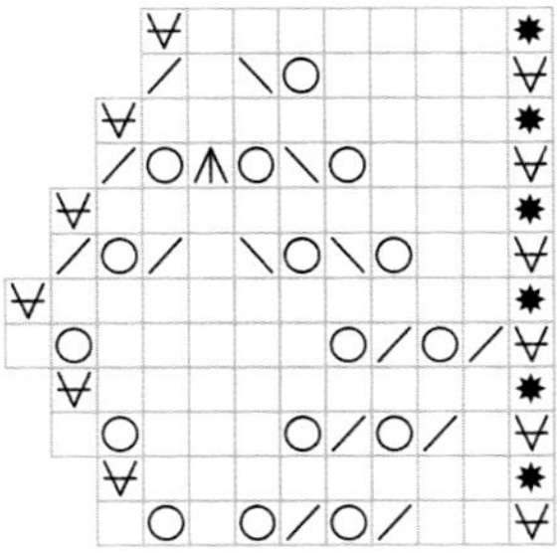

材料
- 460m：100g的3股线
- 一副3.5mm（美式4号）和一副4.5mm（美式7号）棒针
- 行计数器
- 零碎毛线
- 毛线缝针
- 根据喜好可选用2m长的窄丝带
- 3个用于外套的小纽扣，直径大约9mm

尺寸
适合3—9月的婴儿
外套胸围46cm，身长28cm，袖长13cm
连指手套长13cm，周长15cm
软帽面部周长30cm
这个套装非常有弹性

密度
10cm×10cm（不拉开）在起伏针下有28针、56行，用3.5mm（美式4号）棒针
图案用4.5mm（美式7号）棒针

可替换的针法
替换“蜘蛛”，可尝试：

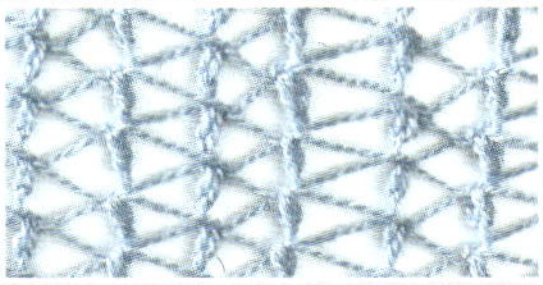

柴捆，53页

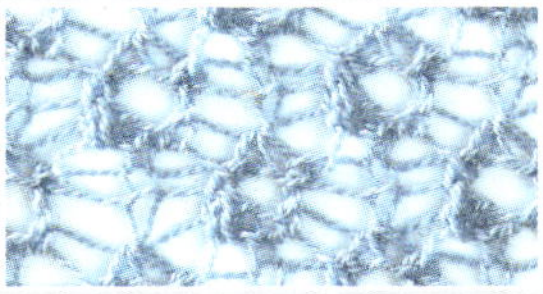

鸟的眼睛，59页

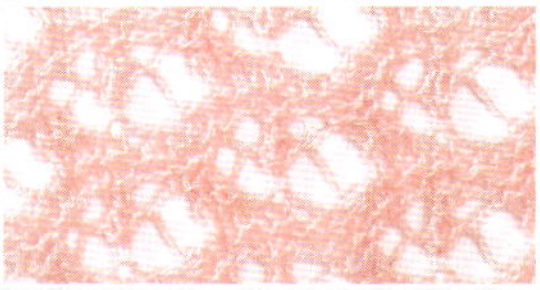

弗利图形，62页

婴儿套装

用可机洗羊毛织这套衣物：保暖，易洗易干。一定会有很多用武之地，引来好评如潮！

连指手套

护腕

用4.5mm（美式7号）棒针，起11针，织1行下针。
织完手套图谱中的8行，再接着重复，共织6次，收针。

手部

护腕正面朝上，用3.5mm（美式4号）棒针，从直边上挑24针（每个滑针处挑1针）。

第1行（正面）： *1针下，加1针（1针下，1针上），1针下。从*重复至行末。共32针
第2行： 全下针
第3行： *1针下，挂针，滑针右上2针并1针，1针下。从*重复至行末
第4—30行： 全下针
第31行： *2针下，左上2针并1针。从*重复至行末
第32行： 全下针
第33行： *1针下，左上2针并1针。从*重复至行末
第34行： 全下针
第35行： 整行织左上2针并1针
把线剪断，穿起剩下的线圈。

手套图谱

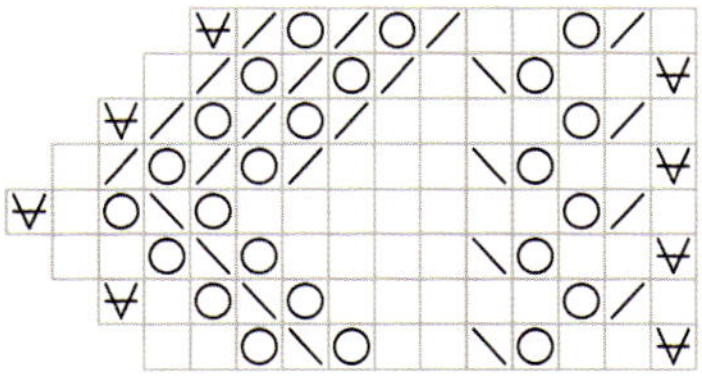

收尾

缝边，把线头缝进去。洗后晾干弄平，用大头针拉出腕部的尖角。织两条长约30cm的毛线带子，穿过“梯子”饰带中的孔洞，用丝带也行。

软帽

帽檐

用4.5mm（美式7号）的棒针，零碎毛线，起24针。换成主线，织1行下针。

织完帽子和袖子图谱中的8行，再接着重复，共织12次。

下1行（正面）： 上针方向滑1针， 2针下，挂针，右上3针并1针，挂针，下针织到行末

把这24针的线圈穿到一条零碎毛线上。

后面

用3.5mm（美式4号）的棒针，帽檐正面朝上，从帽檐的直边上挑49针（每个滑针处挑1针）。

加线，如下织过线圈：[1针下， 挂针，1针下]，织到行末。共73针。

第1行： 1针下，*2针下，左上2针并1针，挂针，右上3针并1针，挂针，滑针右上2针并1针，3针下。从*重复至行末

第2—4行： 上针方向滑1针， 下针织到行末

第5行： 1针下，*1针下，左上2针并1针，挂针，右上3针并1针，挂针，滑针右上2针并1针，2针下。从*重复至行末

第6—8行： 上针方向滑1针， 下针织到行末

第9行： 1针下，*左上2针并1针，挂针，右上3针并1针，挂针，滑针右上2针并1针，1针下。从*重复至行末

第10—12行： 上针方向滑1针，下针织到行末

第13行： 左上2针并1针，*挂针，右上3针并1针。从 * 重复至剩余2针，滑针右上2针并1针

第14—16行： 上针方向滑1针，下针织到行末

第17行： 1针下，*挂针，右上3针并1针。从*重复至剩余2针，滑针右上2针并1针

第18—20行： 上针方向滑1针，下针织到行末

第21行： 1针下，右上3针并1针5次

剪断线，穿起剩下的6针。从中间对折，缝合后面的缝。

围颈带

拆掉帽檐开始用的零碎毛线，正面向上，把这24针穿在一根3.5mm（美式4号）的棒针上，从后缝尾部挑起1针，接着加上帽檐另一端的24针活线圈。织2行下针，每行49针。

下1行： 上针方向滑1针，*1针下，挂针，滑针右上2针并1针，1针下。从 * 重复至行末

下1行： 上针方向滑1针，下针织到行末再把这2行重复2次

收针。

收尾

缝进线头，洗后晾干弄平，用大头针拉出面部周围的尖角。织一条长约75cm的毛线带子，穿过围颈带中的孔洞，用丝带也行。

帽子和袖子图谱

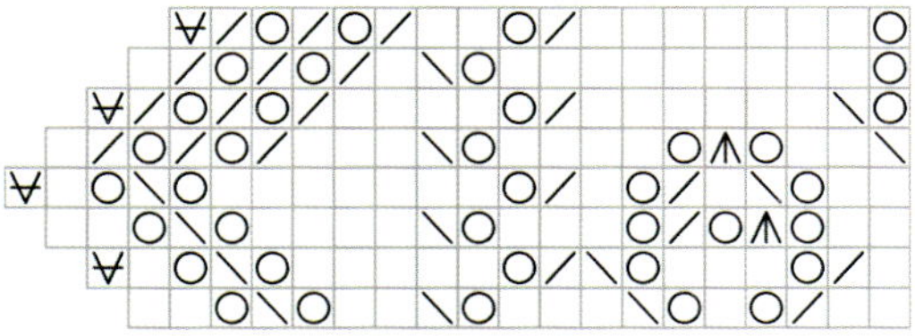

外套

袖子（两只一样）

用4.5mm（美式7号）棒针，零碎毛线，起24针。换成主线，织1行下针。织完帽子和袖子图谱中的8行，再接着重复，共织6次。收针。

裙边

用4.5mm（美式7号）棒针，起34针，织3行下针。织完外套图谱中的8行，再接着重复，共织24次，然后第1—5行再织1次，织3行下针，收针。

上下连接部位

用3.5mm（美式4号）棒针，正面朝上，从裙摆的直边挑98针（每个滑针处挑1针），如下编织：

第1行 （正面）: *1针下， 加1针（1针下，1针上），3针下，加1针（1针下，1针上）， 1针下。从 * 重复至行末。共126针

第2行: 上针方向滑1针,下针织到行末

第3行: 上针方向滑1针，1针下，左上2针并1针，挂针，下针织到剩余4针，挂针，滑针右上2针并1针，2针下

第4行: 上针方向滑1针，3针下，挂针，滑针右上2针并1针，下针织到剩余6针，左上2针并1针，挂针，4针下

第5行: 上针方向滑1针，1针下，左上2针并1针，挂针，29针下。

下面的60针放在一根毛线上用于织后背，剩余的33针放在另一根毛线上用于织左前部分。翻面。

第6行: 下针织到剩余6针， 左上2针并1针，挂针，4针下

右前

第1行: 上针方向滑1针，1针下，左上2针并1针，挂针，下针织到行末

第2行: 下针织到剩余6针，左上2针并1针，挂针，4针下

继续这样织，在胸前的边滑针，而不是在袖笼那一边。

织到在不拉伸状态下，反面行织完后袖笼长度为5cm即可。

如下织出领子的形状：

第1行（正面）: 上针方向滑1针，11针下。把这12针穿在一根毛线上，回头织围颈带。下针织到行末。共21针

第2行: 全下针

第3行: 左上2针并1针，下针织到行末

第4行: 全下针

再重复织第3—4行，织5次，把剩余的15针收针。

后背

返回后背留的60针，正面向上，再加入线，织起伏针8cm长。

下1行: 收15针，下针织到剩余15针，把这15针收针。把剩下的30针放在一根毛线上，用于织围颈带。

左前

返回留的33针，正面向上，加入线，如下编织：

第1行: 下针织到剩余4针，挂针，滑针右上2针并1针，2针下

第2行: 上针方向滑1针，3针下，挂针，滑针右上2针并1针，下针织到行末

继续这样织，在胸前的边滑针，而不是在袖笼那一边。

织到在不拉伸状态下，反面行织完后袖笼长度为5cm即可。

如下织出领子的形状：

第1行（正面）: 21针下，把这行剩余的12针放在一根毛线上，用于织围颈带

第2行: 全下针

第3行: 下针织到剩余2针，滑针右上2针并1针

第4行: 全下针

再重复织第3—4行，织5次，把剩余的15针收针。

围颈带

缝合肩缝。用3.5mm（美式4号）棒针，正面朝上，把线加到右前部分的颈部，把留在毛线上的12针织下针，从颈部边挑针，织8针下针，在后背的颈部织30针下针，在左前部分的颈部挑针织8针下针，然后把左前部分留着毛线上的12针织下针。共70针。

下针织4行，每行的第1针向上针方向滑针。收针。

收尾

缝合袖缝，接着把袖子缝到袖笼处。把线头缝进去。在上身前片缝上纽扣。洗后晾干弄平，用大头针拉开花边上的扇形。

外套图谱

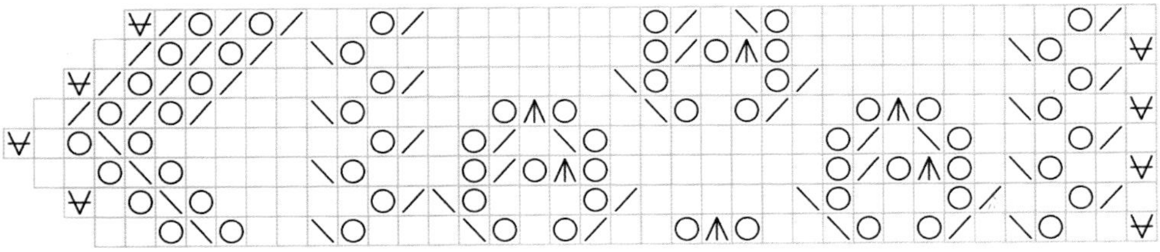

材料

- 约155m：15g的蕾丝线
- 一副3.25mm（美式3号）、一副3.5mm（美式4号）和一副4.5mm（美式7号）棒针
- 行计数器
- 毛线缝针
- 1m长的窄丝带

尺寸

小号/中号/大号对应的掌围分别为14cm/17cm/19cm，掌长分别为8cm/10cm/13cm。这种手套非常有弹性，掌长很容易改变

密度

掌部图案用3.25mm（美式3号）棒针编织，10cm×10cm有28针、32行

可替换的针法

袖口：

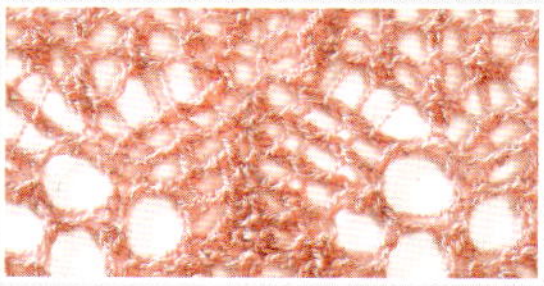

迷惑，101页

手掌：

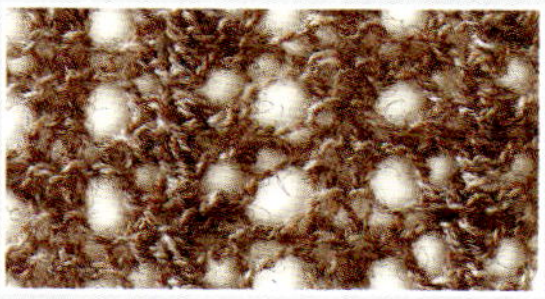

拱桥，63页

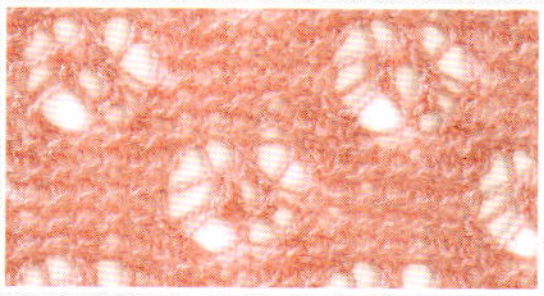

蜘蛛图形，64页

蕾丝露指手套

这款手套容易编织而且看起来很优雅，是理想的用细线编织的第一件作品。可以织成白色的用于夏季的婚礼，或者黑色的用于夜晚的剧场。

袖口

用4.5mm（美式7号）棒针，松松地起57针，第1行织下针。织完袖口图谱中的4行，再接着重复，共织3/4/4次（对应于不同大小的手套）。换3.5mm（美式4号）棒针，按图谱再织3/3/4次。

如下编织丝带穿过的孔洞：1针下，*1针下，挂针，滑针右上2针并1针，1针下。从*重复至行末。下针织3行。

袖口图谱

第1行： *1针下，左上4针并1针，[挂针，1针下]5次，挂针，右上4针并1针。从*重复至剩余1针，1针下

第2—4行： 全下针

现在，按照尺寸减针如下：

小号： 左上2针并1针2次，*左上2针并1针，2针下。从*重复至剩余5针，左上2针并1针，3针下。共42针

中号： *5针下，左上2针并1针。从*重复至剩余1针，1针下。共49针

大号： 左上2针并1针，下针织到行末。共56针

手掌

换3.25mm（美式3号）棒针，按照手掌图谱上的2行织13/15/17次。这里可以调整手掌长度。织1行下针。收针。

手掌图谱

第1行： *1针下，挂针，1针下，右上3针并1针，1针下，挂针，1针下。从*重复至行末

第2行： 全下针

第2只手套织成一样的。

收尾

把织物对折，从上往下缝约2cm长，为大拇指留2cm的间隙，接着缝其余的缝。把丝带穿在腕部。

袖口图谱

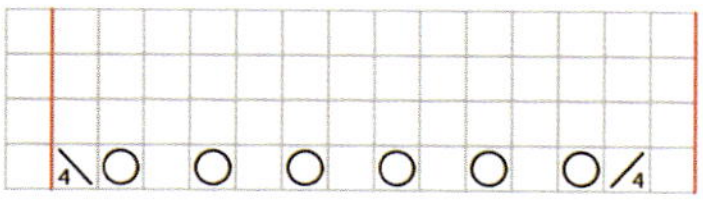

手掌图谱

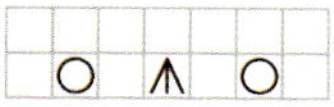

材料

- 90m：25g/140m：35g/210m：55g/250m：65g 4股织袜线
- 一副2.75mm（美式2号）/2.75mm（美式2号）/3.5mm（美式4号）/3.5mm（美式4号）棒针
- 行计数器
- 2个记号圈
- 毛线缝针

尺寸

幼童/少儿/成人中号/成人大号对应的脚长分别为10cm/13cm/19cm/23cm

准确的尺寸会根据挑选的图案的密度变化。脚底和袜筒的长度很容易改变

密度

10cm×10cm，全下针编织，用2.75mm（美式2号）棒针有32针、44行，用3.5mm（美式4号）棒针有28针、36行

可替换的针法

新贝壳，75页

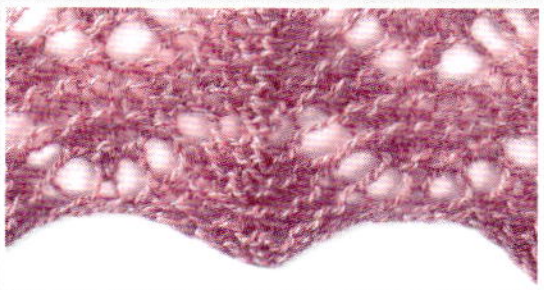

马蹄，76页

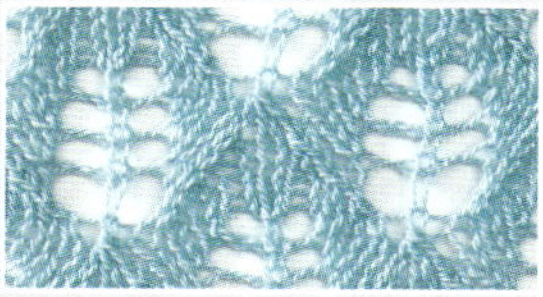

烛光，79页

十针袜

这款基础型袜子能用任何10针重复1次的图案织成。只需在脚跟之后注意图案的开始和结束。

袜筒

根据尺寸选择合适的棒针，松松地起40/40/60/60针。连成1个圈，织1圈上针，接着织1圈下针。

换成袜筒的图案，可用任何10针重复1次的图案，例如“马蹄”“新贝壳”或“烛光”，全下针背景编织，一直织到从起针行量的长度为7cm/10cm/15cm/18cm。这里可以调整袜筒长度。

脚跟

织图案31/31/46/46针，剩余9/9/14/14针。把开头的10/10/15/15针织在剩余针目的棒针上，这19/19/29/29针现在来织脚跟。留下其余的21/21/31/31针随后织脚面。

第1行： 把脚跟的19/19/29/29针都织下针，翻面

第2行： 都织上针

在全下针背景下来回织，共18/18/28/28行。

脚跟转弯

第1行（正面向上）： 12/12/18/18针下，滑针右上2针并1针，翻面

第2行： 上针方向滑1针，5/5/7/7针上，上针右上2针并1针，翻面

第3行： 上针方向滑1针，5/5/7/7针下，滑针右上2针并1针，翻面

第4行： 上针方向滑1针，5/5/7/7针上，上针右上2针并1针，翻面

再把最后2行重复4/4/8/8次。

在织脚跟的针上还有7/7/9/9个线圈。

脚背

第1圈： 把脚跟的7/7/9/9针织下针；从脚跟织片的一侧挑10/10/15/15针，再织下针，放记号圈；脚面的21/21/31/31针织图案，放记号圈；沿着脚跟织片挑10/10/15/15针，再织下针

现在，在脚底中间织4/4/5/5针，作为接下来编织圈的端头。共48/48/70/70针。

第2圈： 下针织到记号圈前2针，左上2针并1针，滑过记号圈，织图案到下一个记号圈，滑过记号圈，滑针右上2针并1针下针织到编织圈的端头（减2针）

第3圈： 下针织到记号圈，滑过记号圈，织图案到下一个记号圈，滑过记号圈，下针织到编织圈的端头。再重复织第3圈0/0/1/1次

重复最后的2/2/3/3圈，直到剩余40/40/60/60针。继续在脚底全下针编织，在脚面织图案，直到从脚跟量的长度为9cm/10cm/15cm/19cm。这里可以调整袜子的长度。

脚尖

第1圈： 全下针

第2圈： *下针织到记号圈前2针，左上2针并1针，滑过记号圈，滑针右上2针并1针。从 * 再重复1次，下针织到圈末

重复第1—2圈，直到剩余针数为24/24/28/28。下针织到第1个记号圈，接着移去2个记号圈。

把脚面上的线圈与脚底上的线圈嫁接缝在一起。把所有的线头都缝进去固定好。

织另一只配套的袜子。

材料
- 420m：70g蕾丝线
- 一副4.25mm（美式6号）棒针
- 零碎毛线
- 行计数器
- 毛线缝针

尺寸
宽162cm，高41—46cm

密度
10cm×10cm，中心“复杂的网”有16针、28行

可替换的针法
中心：

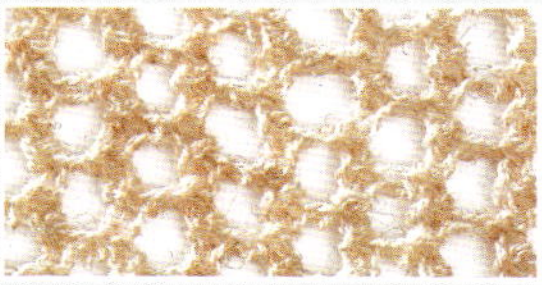
猫眼，55页

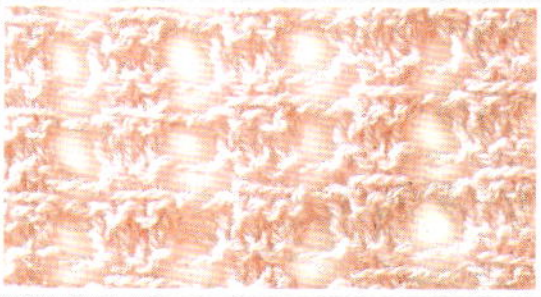
亨特太太的图案，57页

边框：

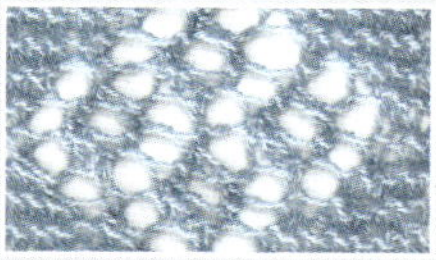
玫瑰束，95页

蕾丝洞，103页

月牙形披肩

这种形状的披肩有很多用途。夏季，把它松松地搭在胳膊上，很有味道；冬季，在脖子上多缠绕几圈用来保暖。边框和花边的图案都能轻易替换。

中心

起49针，织1行下针。按中心图谱编织，直到针上有185针为止。把这些线圈放在一根毛线上。

边框

从中心的一边挑针，织68针下针（每行挑1针）。从起针边挑针，织49针下针。再从中心的另一边挑针，织68针下针（每行挑1针）。共185针。

第1行： 上针方向滑1针，1针下，挂针，下针织到剩余2针，挂针，2针下

再把第1行重复织5次，共197针。

按边框图谱的8行织1次，然后重复上面的第1行6次。共225针。

花边

用零碎毛线起12针，织1行下针。把这织花边的12针放在一根棒针上，把边框的225针放在另一根针上，换成编织用线，按花边图谱的32行进行编织，边织边把边框的针移过来，直到都移过来。结尾在外边缘织1行下针。线不要剪断。

上边缘

拆掉花边起针时用的零碎毛线，把这12针穿到1根针上。用这根针再在边框的边上挑起10针，把边框上边缘的185针也放在这根针上，再在边框的另一边上挑起10针，最后把花边上的活线圈也放上。

现在经过所有的针织4行下针。松松地收针。

收尾

缝进所有的线头，洗后整形，把花边的每个尖都用大头针拉开。

花边图谱

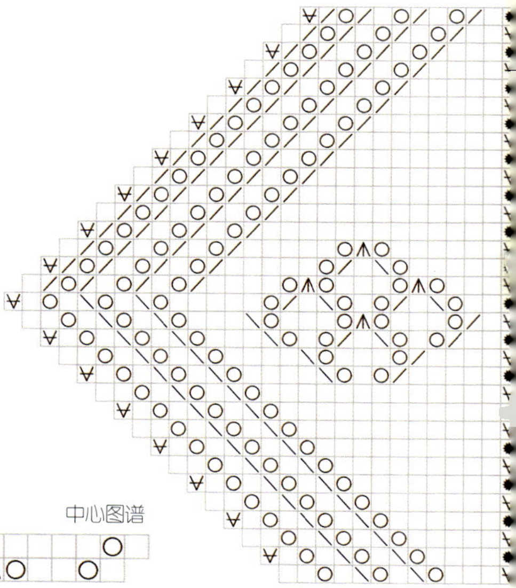

中心图谱

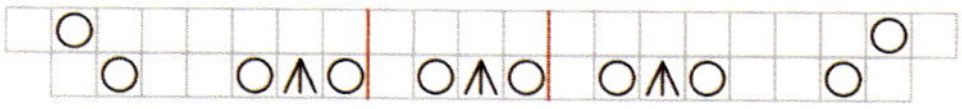

边框图谱

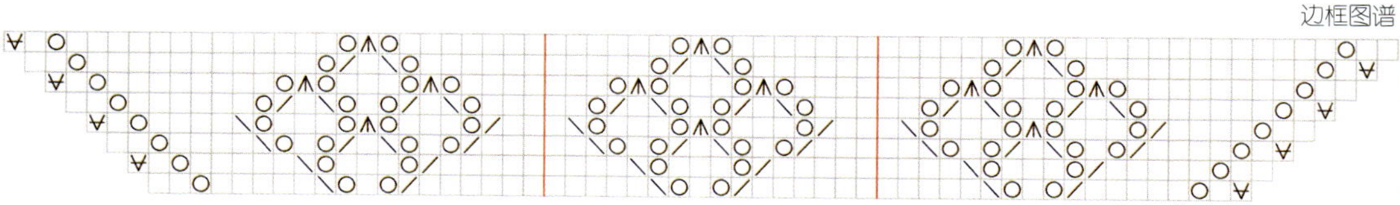

附录
针法符号

- 下针
- 上针
- 加1针（1针下，1针上）
- 挂针
- 正面：左上2针并1针
  反面：滑针右上2针并1针
- 正面：滑针右上2针并1针
  反面：左上2针并1针
- 右上3针并1针
- 把花边最后1针与边框织在一起
- 滑1针，3针下，滑针套过下针
- 收针
- 重复的针和行
- 上针方向滑针
- 右上4针并1针
- 左上4针并1针
- 把上1行的挂针放掉
- 滑针，然后把这些针用下针织在一起
- 无针

豫著许可备字-2015-A-00000017

图书在版编目（CIP）数据

100设得兰蕾丝花样图典/（英）洛维克著；王高攀译. —郑州：河南科学技术出版社，2015.3（2025.3重印）
ISBN 978-7-5349-7638-4

Ⅰ.①1… Ⅱ.①洛… ②王… Ⅲ.①钩针－编织－图集 Ⅳ.①TS935.521-64

中国版本图书馆CIP数据核字（2015）第025588号

出版发行：河南科学技术出版社
地址：郑州市郑东新区祥盛街27号　邮编：450016
电话：（0371）65737028　65788613
网址：www.hnstp.cn
责任编辑：冯　英　李迎辉
责任校对：李晓娅
版式设计：张　伟
责任印制：朱　飞
印　　刷：广东省博罗园洲勤达印务有限公司
经　　销：全国新华书店
幅面尺寸：190mm×246mm　印张：12　字数：280千字
版　　次：2015年3月第1版　2025年3月第2次印刷
定　　价：69.00元

如发现印、装质量问题，影响阅读，请与出版社联系。